動出高智能的運動遊戲

10歲前才是關鍵！

掌握黃金成長期，
讓孩子建立自信，
越動越聰明

10歳からの学力に劇的な差がつく
子どもの脳を育てる「運動遊び」

柳澤弘樹 著　邱香凝 譯

前言　以運動打下學習力基礎！

「好好學習，成為能獨當一面的孩子」——在這個提倡「學習力」的時代，一定有很多家長對孩子抱持著如此期待。實際上，本書的讀者中或許也有人從孩子小時候就開始施以英才教育。

然而事實是，**無論多小開始接受教育，還是得等到孩子們小學四年級，也就是十歲左右，才真正看得出顯著的學習力。**

這倒不是說提早教育毫無成果可言，從幼兒期開始接受學習各種技巧、方法或知識的孩子，一時之間確實比沒有提早接受教育的孩子擁有較高的語彙能力和計算能力。

只是幼兒期的能力高低與否，並不會直接影響上小學之後的學習力，與成人之後的社會技巧或工作表現也未必相關。

即使幼兒期沒有提早接受教育的孩子，學習力還是會從某一時期開始急速成長。換言之，提早接受教育的孩子也未必能就此放心。反過來說，即使沒有讓孩子從幼兒期開始學習，也不必太過擔心。

我們會在大腦中對事物進行「認知」→「思考」→「回答」的過程。這種時候，所謂「智能」就是構成學習力的重要因素。

舉例而言，國語是要求「閱讀文字」、「理解語言」等能力的科目，算術或數學是要求「認識數字或空間」能力的科目，歷史則是特別要求「記憶」能力的科目。上述每一種能力都是「智能」。

換句話說，**與其提高算術、國語、理科或社會等科目考試時的表面分數，從根本上培養穩固的智能更為重要，這也是提高學習力的基礎。**

幼兒期好好培養穩固基礎智能的孩子，通常都能看出「十歲起學習力明顯成長」的傾向。

那麼用什麼方法才能提高智能呢？目前已經證實，幼年期大量運動身體，與智能提升有很密切的關係。詳情將於本書中說明，從科學的角度來看也能獲得許多知識。

我現在從事的是指導幼兒運動，也傳授老師們指導訣竅的工作。只要從小愛上運動身體，孩子就會養成一輩子的運動習慣。運動也有預防憂鬱症及失智症的效果。

為了讓孩子們開心運動，書中將介紹由我構思的「運動遊戲」，同時說明運動與智能及學習力的關係，以及如何讓孩子們透過運動養成社會性的方法。

我希望所有孩子都愛上運動並投入運動，成為勇於挑戰任何事物，積極進取的人。我認為這對拓展孩子的未來發展很有幫助。

Kodomo Plus 控股公司代表　柳澤弘樹

目次

動出高智能的運動遊戲，10歲前才是關鍵！

第1章 運動促進大腦與心的成長！

CONTENTS

第2章

做什麼運動好？

CONTENTS

第3章 兼顧「動」「靜」節奏

第4章

以運動培養「社會性」及「協調性」

第1章

運動促進大腦與心的成長！

TOPIC

01

以運動培養「生命力」

運動和大腦的運作關係密切，運動的當下，大腦時而判斷，時而同時進行兩件事，時而做出預測，進行著各式各樣的運作，這時大腦的「網路」也在發育成長。這裡說的大腦網路，除了運動的當下，也能運用在讀書學習的時候。**換句話說對孩童而言，透過運動培育大腦，是提升學習力的一大主因。**

幼年時期先讓孩子喜歡上運動，大量從事喜歡的運動，這是比什麼都重要的事。這麼做的結果，能增加孩子的活動量，提高具備持久性的運動能力。我們已經知道如此成長的孩子，從十歲左右起學習力將出現大幅提升。

話雖如此，並不表示叫未滿十歲的孩子學習是一件毫無意義的事。我想強調的，不是「幼年時期學習比較好或不學習比較不好」之類的事。既然知道從十歲左右開始，孩子的學習力會有大幅提升，不只學習力，也為了鞏固人格基礎，長期支援孩子的成長就很重要。

現在孩子對什麼感興趣，想做什麼，把注意力放在這上面，好好看清楚孩子對哪些事展現積極態度，有時安排他們學習，有時安排他們運動，有時讓他們接觸音樂，有時讓他們和其他孩子玩，重視這樣的均衡發展。父母放寬心胸與孩子接觸，反而能讓孩子獲得更多察覺，長到某一時期，就會出現自發性的成長。

學習力與運動的關係

說到學習力與運動的關係，根據我進行的「運動與大腦關聯研究」，可知**十分鐘左右的中強度運動，具有提高注意力的效果。**

我們的大腦，不同部位負責的職責不同，和學習力有關的，是一個叫做「大腦新皮質」的部位。大腦新皮質中有各式各樣不同的責任分擔，有負責語言的部位，有負責身體運動的部

■前額葉皮質與背外側前額葉皮質的位置

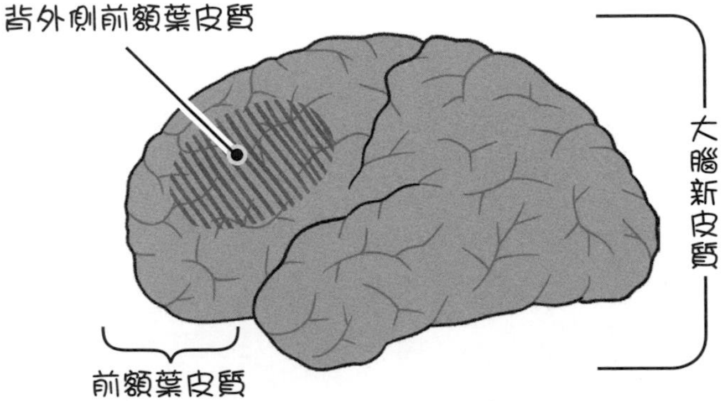

位，也有負責發展社會性的部位。其中，培育學習力時不可或缺的「注意力」，就由前額葉皮質中的背外側前額葉皮質負責，而現在也已經知道，透過運動就能提高這個部位的活動。這部位大概位於太陽穴上方，一休和尚思考時經常把手指放在頭上打轉，放的就是這個位置。

在日常生活中學習時是否集中注意力，還是注意力渙散，兩者學習成果大不相同。只要集中注意力，即使只是短時間的學習，還是能大幅提升孩子的學習力。

請務必在日常中適度導入本書介紹的運動，兼顧孩子的運動與學習。

TOPIC 02

因為是「動物」所以需要運動

我們人類也是動物，既然是「動物」，運動對人類來說當然是非常重要的事。

然而，長大成人後，因為沒有運動習慣而導致「生活習慣病」（譯註：日文中的生活習慣病，泛指飲食、壓力或睡眠不足等導致的成人慢性病、文明病），這才急忙開始運動的人一定不少吧。

只是，**運動影響的不只是「胖瘦」等身體外觀的問題，對我們人類心理、精神及神經層面也起著很重要的作用。**

已經有報告指出，被工作追著跑，晚上無法好好睡覺的人，或是長年無法好好運動的人，這些人罹患精神疾病的風險比平均數值更高。

我們人類一旦忘記運動身體，精神就容易出毛病。

兒童的運動量也在減少中

最近的小孩子和過去相比，運動量減少許多，也導致現代兒童身體產生各種狀況。舉例來說，測量幼兒園兒童早上的體溫，會發現很多孩子明明沒有感冒，體溫卻高達三十七度，相反地，也有不少孩子出現三十五度多的低體溫（引用自前橋明《提升生活節奏大作戰》（大學教育出版社）等文獻）。

這種情形的原因，多半來自控制身體的「自律神經」紊亂。說明起來或許有點複雜，總之自律神經由交感神經與副交感神經構成，晚上睡覺時副交感神經增強，白天活動時交感神經增強，像這樣區分兩者的活動。

自律神經的失調，將對體溫調節機能造成影響。換句話說，**體溫調節機能不順，就代表神經失去平衡，呈現失調的狀況。**神經一失調，身體狀況立刻出問題，有時會使腦袋放空無法專注，有時還會陷入有氣無力的狀態。如果孩子在這種狀態下生活，學校上課時當然也無法集中注意力。

想改善這類自律神經失調的問題，最重要的一點，就是「養成白天運動身體的習慣」。孩子們也一樣，運動身體就能改善自律神經的平衡，早晨量體溫自然恢復正常。

為了將來，現在就要培養良好運動習慣！

換個說法，無論大人或小孩，**有沒有在日常生活中養成運動的習慣，不只影響身體健康，對心理、精神層面來說，運動也扮演著非常重要的角色。**

然而，即使運動身體這件事再重要，在父母強迫下運動，只會讓孩子產生抗拒，變成討厭運動的人。這麼一來，長大後也很難養成日常生活運動的習慣。

為了不讓孩子淪為這種大人，家長該做的不是強迫訓練孩子運動，重要的是導入開心均衡的運動方式。站在長期觀點，這是支持孩子成長必須做的事。

想要孩子們享受運動的樂趣，家長們也請試著一起運動吧。此外，當孩子努力運動時，也請好好體會他們的心情，與他們有所共鳴。

當家長特地打造讓孩子開心運動的環境，孩子就樂於運動身體，為將來養成運動的習慣。

附帶一提，現在忙碌的父母很多，**站在與孩子們建立情感羈絆的觀點，運動身體的親子交流——也就是肢體接觸，能在短時間內發揮非常顯著的效果。**有了透過運動培養的情感羈絆，就算孩子進入多愁善感的青春期，也比較容易維持親子間的信賴關係。

尤其是忙於工作，空閒時間較少的家長，只要花一點點時間陪孩子活動身體，在運動中遊玩，對孩子而言，你說的話將更具有分量，日後關鍵時刻，你說的話孩子才聽得進去。

請務必記住這一點，在日常生活中導入本書介紹的運動遊戲要素。

TOPIC
03

智能與運動的關係

「提高孩子的學習力」恐怕是大多數父母的心願吧，然而要怎麼做才能提高孩子的學習力，不知道的人可能比較多。事實上，大多數家長為了提高孩子的學習力，往往選擇「送去補習」等與學習力產生直接連結的方法。

問題在於，**學習力其實不是一種「單純直線成長」的能力**，它有時會停滯，有時會急速成長，有時又會忽然衰退。學習力即「學習的能力」，發展學習力最重要的，應該是培養「構成學習力」的能力。

智力是學習力的基礎

那麼，學習力又是由哪些能力構成的呢？答案是——我們所擁有的智力。**霍華德．加德納（Howard Gardner）提倡的「多重智力理論（又稱多元智能理論）」，是目前最普遍的智力概念，這套理論指出智力不只一種，而是以複數構成。**

在這套多重智力理論中，將智力的種類大分為八種：「人際關係的智力」、「數理邏輯的智力」、「記憶與認知的智力」、「辨識空間的智力」、「內省的智力」、「語言的智力」、「肢體活動的智力」與「音樂．節奏的智力」。

不妨試著具體回想一下學校裡的學科，看它們分別和哪類智力相關，或許會更清楚。

比方說，算數時主要使用的是與「數理邏輯」及「辨識空間」相關的智力。面對應用題時，還需要用到「語言」方面的智力。

此外，理科是學習自然科學或萬物既定法則的學科，像是「火燃燒時會消耗氧氣」就是一

■「智力」有許多種類！

種既定法則，因此學習這門學科時，需要用到的是「記憶與認知」的智力。理科也會有需要計算的時候，這時當然需要與「數理邏輯」相關的智力，解題時「語言」方面的智力同樣不可或缺。另外，使用天平等道具的課題，還需要動用「辨識空間」的智力。由此可知，學習理科時，多半必須使用上述四種智力。

再看看國語和英語等科目，除了最主要的「語言智力」外，也需要「數理邏輯」方面的智力。

這麼一想，與其一味追求考試成績，重視表面上的學習力，不如把構成學習力的各種智力打好基礎，結果更能提升孩子的學習力。

當然，**學習力有成長的時候，也有停滯不前的時候，但是請先記住這一點：只要基礎智力培養得夠紮實，到了某一時期，學習力就會出現飛躍式的成長。**

比起IQ，「執行功能」對提升學習力更有直接幫助

那麼，哪些要素能提高剛才舉出的種種智力，進一步促進學習力的成長呢？過去的主流想法認為IQ（智力商數，簡稱智商）與學習力密切相關，最近則開始明白，**「執行功能」**對學習力的影響可能比智商更大。

所謂執行功能，指的是為達成目的，控制自我思考及行動的前進能力。換句話說，這是一種阻斷雜音，維持專注力，一邊記憶資訊、解決課題，一邊配合狀況彈性切換行動或思考的能力。

最近我們也漸漸發現，這樣的執行功能，可透過培養孩子的體力及運動能力來提升。

■學習力・執行功能・智力・運動能力的關係

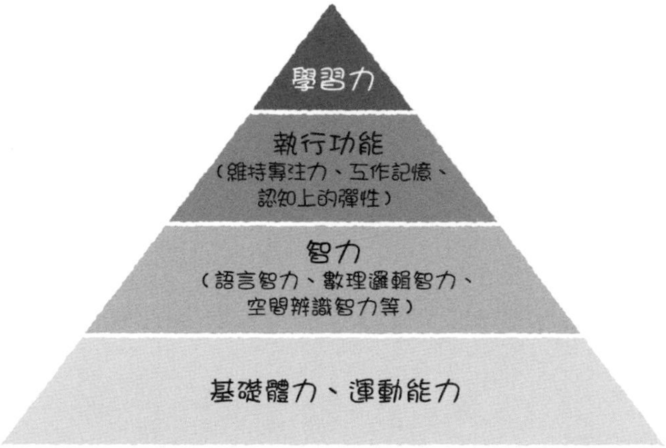

那麼，「執行功能」又由哪些能力組成呢？主要為以下三種。

第一種是**「維持專注的能力」**。當自己正在進行某件事，就算遇到妨礙，也能持續專注在該做的事情上，保持專心。

第二種叫做**「工作記憶」**，這種能力又被比喻為「腦中筆記本」，能短期記住並巧妙運用進入腦中的資訊情報，進行當下應該進行的事。

第三種是**「認知上的彈性」**。這是能夠配合狀況切換思考方式的能力。

現在我們已經知道，這三種能力構成了執行功能，並且與智力及學習力有密切關係。

換句話說，執行功能與智力都可視為構成學習力的基礎，從小培養這些能力也就特別重要。

藉由運動提高智力，培養執行功能，可望獲得提升學習力的成果。

不過，需要注意的是，執行功能與智力都不會透過運動一口氣提升，必須在日常生活中養成運動習慣，循序漸進成長。

不要光看表面的學習力，更該注意構成學習力的基礎，也就是執行功能與智力，並且進一步養成確實的運動習慣，從這個角度思考該讓孩子在日常生活中學哪些才藝，或許才是正確的做法。

TOPIC
04

提早教育的陷阱

聽到「提早教育」，多數人最先想到的，應該是比一般學童提早幾年學習英語、算術、國字等科目吧。然而這種提早教育真的有其必要嗎？效果又是如何？不走正規學習道路，只知用這種方式填鴨硬塞知識，不只會讓整體學習效果打折扣，有時甚至會對孩子的心理成長造成不良影響。因此我們必須先釐清，在孩子的成長過程中「最重要的」是什麼。

意願是成長的根源！

對孩子的成長來說，最重要的是孩子本身的意願。「想學看看」、「想知道」、「想學會做」這樣的心情最重要。

如果孩子本身沒有這樣的意願，就算要他們學習也只會淪為硬逼，使他們認為學習是一件無趣的事。

當然，孩子畢竟是孩子，心情起起伏伏也很正常，即使是一開始自己主動說「想學」的東西，也有可能半途而廢或偷懶。

這種時候，就需要大人從旁關懷，時而安撫或斥責。**父母從旁關懷指的是好好看著孩子，無論好壞都給予適當評價**，同時還要幫孩子點出他們自己看不到的重要事物。

可是，如果父母一開始就說：「為了你的將來好，必須要學這個。」像這樣強迫孩子學習，事情又會變成怎樣呢？

起初，就算孩子對那件事不感興趣，既然最愛的爸媽都要自己去學了，他們也只好說：「知道了，我會努力。」

然而，在父母要求下開始做的事，如果孩子內心沒有主動想做的意願，多半只會愈做愈不喜歡，最後終於放棄。

其中也有明明是父母主導才開始學習，卻在不知不覺中變成「還不是你自己說想學才讓你學的！」這種事並不少見。

想把一件原本不會的事學到會，「持續」絕對是不可或缺的條件。孩子本身必須處於「有意願」的狀態下，才有可能持續去做一件事。**如果不是孩子真正打從心底「想做」的事，做到一半就會撐不下去了。**

即使提早學習，拉出的差距也有弭平的一天？

「前言」提到過，關於提早教育有個有趣的研究。**比較「幼年時期便接收多項資訊的孩子」與「不特別重視提早接收資訊，只按普通管道上學的孩子」雙方的學習力，會發現到了小學四年級左右，兩者之間幾乎沒有差別。**

這並不代表從幼年時期開始灌輸知識的做法毫無意義，只是即使沒有提早灌輸多餘資訊，成長到一定時期之後，孩子的學習力還是會出現飛躍式的成長，進而弭平兩者之間的差距。

■學習力如何成長？

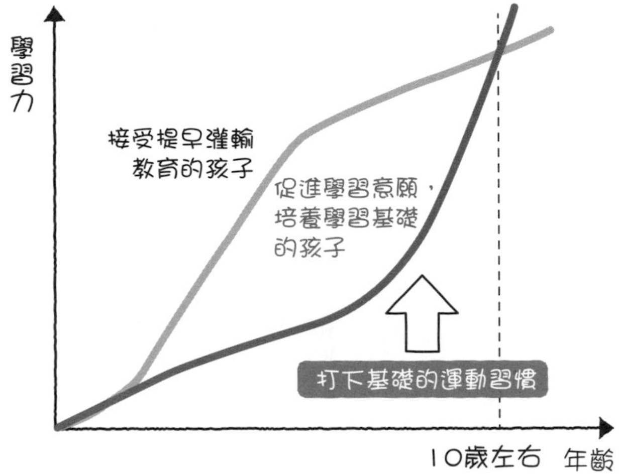

站在孩子的立場，確實不難想像，比起從小就被剝奪遊玩時間，硬逼著學習讀書，倒不如讓他們盡情做自己喜歡的事，養成把時間花在感興趣事物上的習慣，似乎更容易促進學習意願，提高學習力。

如果您也是一聽到「提早教育」就產生一股「領先優勢感」的人，請重新釐清「提早教育」的本質，如此一來，將能帶給孩子更充實的學習環境。

學習意願才是孩子成長的原動力。能否順利控制並培養這份意願，是孩子是否養成強大學習力的關鍵。

每個孩子展現學習意願的時機都不同，有

從小就喜歡學習的孩子，也有國中才突然展現學習意願，呈現飛躍式成長的孩子。此外，從小培養孩子盡情沉迷玩樂的能力與針對感興趣的事物展開調查的能力……這些都能刺激孩子對讀書或音樂等學習產生意願。

無論如何，家長每天都要和孩子有良好的互動，才得以培養出孩子本身的學習意願，且不錯過任何一個孩子展現意願的時機——以結果來說，孩子們也能均衡地朝各方面養成全方位的能力。

希望孩子聰明，希望孩子溫柔體貼，希望孩子誠實善良……父母對孩子總是有各種期待。在孩子剛出生沒多久時，只要這孩子多學會一件事，父母一定會立刻讚美孩子，家人們也因此展現笑容。

然而到了要上幼兒園的階段，家長總忍不住拿自己家的孩子和別人比較。上了小學之後，更是拿考試分數等成績去和別家小孩相比，眼睛只看到自家小孩比不上別人的地方，如此一來父母對孩子發出的聲音往往消極又負面。和剛出生沒多久時那些正面積極的讚美相比，不知何時只剩下否定的聲音，孩子也變得愈來愈不積極，學習意願減弱。

我喜歡的山本五十六先生有句名言：「做給對方看，說給對方聽，放手讓對方去做，並給予讚美，要是不這麼做，對方不會主動。」這正可說是濃縮了親子關係的一句話。

順帶一提，關於與青春期的孩子如何相處，在此也可借用山本五十六先生的另一句話：「交談、傾聽、認同、放手讓對方去做，這麼一來，對方才會有所成長。」

該怎麼做，你的孩子才會產生強烈的學習意願呢？

配合每個孩子的不同個性，提早找出最適合他的教育方式，這或許才是「提早教育」的真正意義。

TOPIC

05

透過運動累積小小的成功經驗

據說，我們人類的大腦基本上跟著「報酬」運作，做了什麼事獲得的成就感、受到誰的稱讚、贏得來自他人的評價、獲得想要的東西……只要有這些「報酬」，我們就願意將力量投入某件事。換句話說，**只要努力做過的事獲得了某種報酬（尤其是心理層面的回饋），人就能迎向下一個挑戰**。

相反地，沒聽到「謝謝」、「好厲害喔」、「做得真好」這些話，好像就提不起勁做事了，這類經驗想必大家都曾有過。對小孩來說，即使只是小小的成功經驗，一樣能夠形成心理層面的報酬，產生持續挑戰的動力。在日常生活中累積這些小小成功經驗，日後就會匯聚為巨大的成功。

達成遠大目標確實也很重要，**想要達成遠大目標，日日累積小小的成功體驗就是非常重要的事了。**能力這種東西不會在某天忽然抬頭，必須日復一日持續累積，一如俗話說「持續就是力量」，只要持續累積，最後就能集結為強大的力量。

成功經驗愈多，潛力的範圍愈寬廣

這個道理不僅限於運動或學習，也能套用在其他事情上。

小規模的成功經驗累積得愈多，孩子愈能建立自信，認同自己「辦得到！」的自我肯定感也會愈來愈強烈。在這樣的情緒帶動下，孩子愈能看見自己將來的潛力，換句話說，就是愈來愈容易看見自己的夢想與希望。如此一來，在孩子成長過程中，他們將不會對微小的失敗感到挫折，擁有迎向下一次挑戰的勇氣。

只要孩子們找到自己的夢想與希望，對將來開始懷抱期待，他們就會懂得日日持續付出努力的重要，同時也會重視自己的身體健康。能夠重視自己，內心就會多一份從容，待人溫柔

■小規模的成功能提高將來的潛能

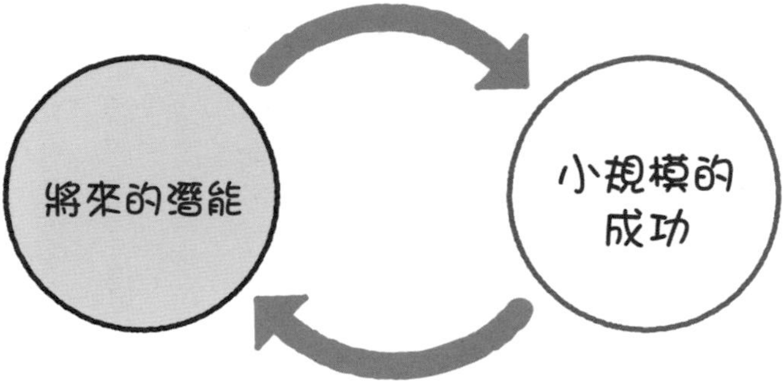

體貼，知所進退。

以「運動遊戲」增加成功經驗

若想讓孩子們體驗更多小規模的成功經驗，建議可採用我們提倡的「運動遊戲」。做任何運動都無法期待一蹴可幾，練習得愈多，動作一定會愈純熟。

舉個例子，光是「跳過跳箱」這一個動作就會用到許多種能力。比方說，運用雙臂支撐身體的能力、抬高臀部的能力、併攏雙腿跳起的能力、目測距離的能力、在半空中做出動作的能力、著地時雙腳踩穩地面的能力與運用腹肌的能力……唯有當這許多種能力濃縮在一秒之間發揮時，才能完成「跳過跳箱」這個動作。

想讓孩子在樂趣之中培養這些能力，最有效的方式，就是每天做「運動遊戲」。**首先用第38頁介紹的「熊步」培養雙臂支撐身體的能力，再用「袋鼠跳」培養雙腿併攏跳起的能力，請像這樣一邊加入遊戲要素一邊投入運動，展開鍛鍊。**

透過這些運動，為身體培養各式各樣能力的過程中，孩子就能累積許多小規模的成功體驗。以「熊步」等方式在開心的遊戲中培育出基礎能力，讓孩子不知不覺學會跳箱。同樣地，運動遊戲也能引導他們學會其他許多需要各種不同能力的運動。

不要光就結果責備小孩

不過，在運動遊戲的過程中，孩子當然也會遇到不少失敗的情形。重要的是，**家長不要只就「失敗的結果」責備小孩，取而代之的，是稱讚他們勇於挑戰的態度，找出具體的優點加以鼓勵。**

「這次雖然沒有成功，但是你很努力了喔。」或是「上次倒立的時候，你的背都還打不直，這次身體有好好挺直了，姿勢很好看喔。」請像這樣給予正面積極的評價。同時，讚美之後也要好好告訴孩子「這次為什麼會失敗」、「哪裡沒有做好」。

用這種方式與孩子溝通交流，孩子遇到失敗就不會耍賴放棄，願意繼續投入，嘗試挑戰，最後終能獲得進步的結果。

請善用運動遊戲，讓孩子在每天的生活中不斷累積小規模的成功經驗吧。

開心運動……基礎的動物姿勢

運動遊戲的目的

◎藉由化身為動物的想像，培養孩子的創造力

◎養成提高動作連續性的「跳躍力」、強化身體平衡感的「支撐力」，以及增加空間辨識力的「引體向上力」。

◎鍛鍊體幹核心肌力，改善運動及生活中的各種動作。

熊步

玩法

化身為住在森林裡的熊，以四腳著地、膝蓋不碰到地面的姿勢，像熊一般笨重地踏地走動。撐在地面的雙手伸直到指尖，抬起頭看著前方。

鍛鍊的能力

支撐力……鍛鍊上臂、肩胛骨周圍及背部的肌力。此外，雙手撐在地上的動作，除了跌倒時能保護身體外，對呼吸、姿勢及大腦活動都有正面影響。

核心肌力……人的力氣來自肌肉，想有效率地使力或做出變換順暢的動作，就得好好鍛鍊「體幹」。體幹就是身體的核心，鍛鍊體幹核心肌力，可讓末端的手腳力氣變大，對保持穩定姿勢很有幫助。

抑制力……做「熊步」時不貪求快速前進，每一步都以笨重、緩慢的方式踏出去，如此一來，注意力放在身體上的時間更長，藉此養成抑制（控制）動作的能力。

袋鼠跳

☑ 玩法

化身為草原上的袋鼠，雙膝併攏，如彈跳般跳躍前進，雙臂大幅前後擺動。連續跳躍時，手臂要跟著節奏擺動。

☑ 鍛鍊的能力

跳躍力……透過跳起來的動作，鍛鍊從腹部到腿部的下半身（包括大腿、肚子和小腿）肌力。

平衡感……跳起來的時候，為了不讓自己跌倒，身體必須形成軸心，經常這麼鍛鍊，就能增強平衡感。

左右腦的連動……身體運動之際，大腦的連動也很重要。透過左右腦的連動，完成身體左右兩側同時跳起的動作。

牛蛙跳

設定

假裝自己是住在池塘邊，有著巨大身體的牛蛙。雙腿朝左右兩邊大大張開蹲下，雙手撐在地板上，以手↓腳的順序採取動作前進。為了不讓手腳同時動作，雙手撐在前方地板上，用跳躍的方式前進。

☑ 鍛鍊的能力

支撐力……鍛鍊上臂、肩胛骨周圍及背部的肌力。

跳躍力……因為得從蹲下的狀態跳起來，藉此鍛鍊下半身（大腿、腹部與小腿）的肌力。

平衡感……跳起的時候，為了不讓自己跌倒，身體必須形成軸心，經常這麼鍛鍊，就能增強平衡感。

猴子姿勢

☑ 設定

玩的時候想像自己是住在樹上的猴子，彎曲手肘垂吊在單槓下，抬起雙腳，暫時保持這個姿勢不動。握住單槓的方式不拘，順手握（從鐵棒上方抓握）或逆手握（從鐵棒下方抓握）都可以。

☑鍛鍊的能力

引體向上力……想維持身體懸吊在單槓上的姿勢，就需要鍛鍊用手臂將身體往上拉抬的能力。

全身的力量……身體懸吊在單槓上時，除了引體向上的力量，還需要腹肌、背肌等全身力量總動員。鍛鍊核心肌力，身體才能做出細微又流暢的動作。

持久力……為了持續懸吊在單槓上，必須持續使力一段時間，透過這樣的運動，就能鍛鍊出持久力。

TOPIC 06

請家長先示範給孩子看

一知道「運動能提高學習力」就馬上希望孩子開始運動，立刻付諸行動的家長一定很多。然而，如果只是大人不分青紅皂白要求孩子「快給我去運動」，或把他們丟進某個運動補習班之類的地方，孩子本身卻沒有運動意願，不管做什麼運動都很容易半途而廢。不只如此，還因為被強迫運動留下不好的回憶，反而造成他們對運動這件事的負面印象。

大人改變，孩子也會跟著改變！

在此想建議大家的做法，是請大人跟孩子一起運動，有時大人還必須樹立榜樣，比孩子先開始運動。

例如孩子一歲到兩歲的時期，正是「想找人玩」的時候。一般來說，小孩最初都是自己玩自己的，等到他們產生對「他人」的注意力時，才會想和周遭的人一起玩。到了這個時期，只要看到大人在玩什麼，小孩自然跟在後頭模仿。

舉例而言，若想讓孩子玩模仿熊走路姿勢的運動遊戲，只是口頭要求孩子「學熊走路來看看」，想必沒有一個孩子願意照做。然而，只要大人先示範熊走路的姿勢，孩子看了覺得有趣，自然就會跟在後面模仿一樣的動作。

這時候，大人可以故意說「等等我、等等我」，改從後面追趕孩子，好玩的孩子就會開心地四處竄逃。接下來，孩子還會反過來追趕大人，大人故意逃給孩子追，這就完成了一次的運動遊戲。

「一起玩」就是這麼回事。**首先請大人先運動起來，當小孩跟著模仿，運動量自然就會增加。**

父母是小孩最親近的家人，扮演著什麼樣的角色？

小孩往往從最親近的家人，也就是父母身上學習各式各樣的事。**言語、規範、禮儀等，小孩從大人身上吸收了許多，這些都是透過「模仿」來學習的事。**模仿這件事是複製正在動的人的動作，如果身邊的大人不動，孩子模仿的機會就減少了。換句話說，大人必須先試著做什麼，孩子才有模仿的對象，也才能從中學習成長。這點非常重要。

這個觀念不只在教小孩運動時用得上，希望孩子念書學習也一樣，大人不能光是嘴巴說「去讀書」，最好可以坐在孩子身邊陪他一起度過念書的時間。如果真的無法陪伴在旁，可配合父母工作的時間或場所，讓孩子同時一起念書，這也是一個方法。

總之，大人先展現「一起做○○吧」、「總之先做做看吧」的態度，孩子就會更積極主動。反過來說，若家長只會強迫小孩念書或運動，增加和小孩分開的時間，可能還會讓孩子留下

「自己是不是被家人排除在外了？」的印象。

棒球、游泳、排球……運動有許多種，最好不要一開始就把小孩丟進某項運動補習班，或只把一切交給專業教練決定。不妨先自己帶孩子去公園或市立游泳池，親子共同從遊玩中嘗試運動。

在這樣的過程中，當父母發現孩子對特定運動產生了興趣，此時再將孩子交給專業教練訓練也不遲。這麼一來，孩子不但不會與父母疏遠，還會留下親子同樂的回憶，並且進一步投入正式運動。

如前所述，這個觀念不只套用在運動，也能套用在平常讀書學習或培養禮儀規範等時機，可說適用於日常生活中的各種狀況。**無論想要孩子做什麼，請記住，大人必須率先行動，樹立模範。**

配合孩子的步調運動……親子運動

運動遊戲的目的

◎激發孩子的意願。

◎從一對一的遊玩模式中建立與孩子相互信賴的關係。

◎透過開心的遊玩，創造孩子腦中「肯定運動」的思考迴路。

有氧熊

☑玩法

想像運動不足的熊，配合節奏開心進行有氧運動的模樣。

採取熊步（38頁）的姿勢，像做伏地挺身一樣把雙腿打直。

保持這個姿勢，臉朝正前方，大人與小孩面對面，試著在此狀態下抬起右腿單腳跳躍。練到抬起右腿也不會失去平衡後，換成抬起左腿單腳跳躍。最終目的是達到左右腿有節奏地互換，大人可在一旁發出「右、右、左」、「左、右、左」的指示。

☑鍛鍊的能力

專注力……注意力放在大

人發出的指示上，專注於交互抬起自己左右雙腿，這樣的訓練能幫助孩子養成專注力。

支撐力……遊玩時靠手臂支撐身體，培養臂力。

判斷力……耳朵聽著「左」、「右」的指示，大腦實際思考身體的左右是哪一邊，做出該抬起哪隻腳的判斷，藉此培養判斷力。

即興跑跳

☑ 玩法

在「田徑選手」與「忍者」兩種身分間交替變換，配合大人的指令切換跑法。抬高大腿的跑法是「田徑選手」，不抬起膝蓋，只移動腳尖的小碎步跑法是「忍者」。

大人與孩子面對面，一邊跑一邊當場發出「變身成田徑選手！」或「變身成忍者！」的號

令，從改變跑法中獲得遊玩的樂趣。

☑鍛鍊的能力

瞬間爆發力……瞬間爆發力指的是瞬間發揮巨大能量的能力，神經的傳導速度愈快，瞬間爆發力就愈高。在這個遊戲中，必須快速反覆切換腿跑步時的動作，藉此培養瞬間爆發力。

切換力……「使用全身肌肉做出大動作的田徑選手」與「盡可能不發出聲音，只以腳尖移動的忍者」，在不斷切換這兩種不同動作過程中，培養「動」「靜」自如的切換能力。

想像力……耳朵聽到「田徑選手」或「忍者」時，腦中同時想像不同身分的動作與姿態，達到培養想像力的效果。

專欄

選擇「才藝」的訣竅

幾乎所有父母都會想讓孩子學個什麼才藝吧。

才藝的種類可分為運動類、音樂類、藝術類、禮儀規範類等等，想讓孩子學遍所有才藝，從經濟或時間上來說都很困難。相信許多父母都很煩惱，究竟該讓孩子學什麼才藝才好。

在此，想聊聊選擇才藝的訣竅。

想培養的是什麼能力？

孩子會開始學習某項才藝，多半出於兩種出發點，一種是「孩子主動說想學」，一種是「大人想讓孩子學」，兩種各有需要注意的重點。

首先，如果是孩子主動說「想學」的狀況，在開始學習前，請先跟他們仔細談好約定事項。孩子可能因為當下流行或「朋友都在學」、「有點感興趣」等原因提出想學某項才藝的要求，然而出於這類理由開始的學習，往往無法持續太久。

挑戰新事物雖然非常重要，漫無目的放任孩子自行決定，讓孩子掌握主導權的做法，容易導致「沒興趣，不想學了」的下場，這也會讓孩子養成感情用事的壞習慣。

為了避免產生這樣的後果，在開始學習前，最重要的是先跟孩子約定好「至少必須學到某某程度」。

站在建立大人與小孩關係的觀點，這時大人也必須掌握主導權才行。

另一種狀況，是大人想讓孩子學某種才藝，這時請先好好思考「學這個的目的是什麼？」比方說，答案可能會是「想鍛鍊孩子的身體」、「想磨練孩子的心智」、「想讓孩子擁有經驗」、「想改善孩子的弱點」、「想提高孩子的能力」、「想培養孩子建立人際關係的能力」等等。請先試著深入思考自己想讓孩子學習某種才藝的目的。

以「想讓孩子擁有經驗」的情形來說，其中或許含有「希望這個經驗能在孩子將來的人生中派上用場」的期待。

如果是「想改善孩子的弱點」，例如孩子容易不專心，為了讓孩子能長時間專注在某項事物上，或許會想讓他學習茶道或書法。

答案若是「想提高孩子的能力」，家長想的可能是透過學習珠算提高算術能力，學游泳培養游泳技能，或是學鋼琴培養絕對音感等等。

像這樣選擇學習什麼才藝，取決於家長想讓孩子養成何種能力。

既然是最愛的父母要求自己學的，孩子一開始一定也會懷抱期待，心想「或許可以學會什麼有趣的事」。

然而，當孩子抱著「你們叫我做我才做」或「被強迫學習」的心情時，一旦學習的才藝不符合他的興趣，很快就無法從中感受樂趣，想持續下去也很困難。

孩提時代，「好奇心」與「樂趣」對記憶力及各項能力的開發都有非常重要的影響，因此大人想讓孩子學習某項才藝時，必須先「**讓孩子產生穩固的學習動機**」，其次「**持續從旁輔助支持孩子學習**」也很重要。請像這樣為孩子打造一個能夠秉持自信挑戰新事物的環境。

在孩子嘗試挑戰某項新事物，或是遇到必須克服的困難時，父母還必須給予孩子安心感，讓他們知道「失敗也沒關係，爸爸和媽媽會在旁邊守護」。

為此，請盡可能在孩子學習才藝時陪他們一起學習，一起練習，也請提醒自己經常與孩子聊起與才藝相關的事，培養共通話題。

為孩子準備好「放棄」的選項

我知道有些家庭會對孩子說「只要開始學就不能放棄」，但是做出「停手」、「放棄」的選擇也是一種能力，孩子最好能學會這種能力。

舉例來說，即使一直努力學習某一種才藝，也可能因為受傷或搬家等環境的變化，或是老師教練無法配合等因素，無法繼續學下去。

大人和小孩都一樣，在生活中一定會遇上「非放棄不可」的狀況，這時重要的是如何踏出下一步或走上另一條路。就這點來說，讓孩子擁有「放棄」的選項也就非常重要。

這聽起來可能像鼓吹孩子逃避，然而現代社會轉變的速度往往快得令人目不暇給，想輕盈地穿梭在這樣的社會上，迅速迎向下一個挑戰，「放棄」或許不是一個壞的選擇。

不花過多時間學習才藝

此外，讓孩子學習才藝時，還有一點必須請家長注意。那就是「不要因為學習才藝，失去太多寶貴時間」。

為孩子確保與家人團聚的時間及遊玩的時間，才能讓孩子擁有更從容寬裕的心態及體力，過著不勉強自己的生活。因為當時間與體力面臨窘迫或壓力過大時，孩子的成長和發育很可能因此停滯不前。

有人說，孩子成長的過程需要「三個間」，一個是「時間」，一個是「空間」，另一個就是「夥伴」（譯註：日文的夥伴漢字寫為「仲間」）。

近年來，有很多家庭的孩子因為忙於學習才藝，失去好好休息喘口氣的時間。可是無論學習任何才藝，孩子都需要時間吸收，學到的東西才會內化為自己的能力，同時他們也需要有充分的時間和體力嘗試新的挑戰，因此家長必須為孩子保留充裕的外在環境與從容的心理環境。此外，不要讓孩子一個人孤獨地做什麼，和夥伴一起分享、彼此勉勵與競爭，也是學習才藝時很重要的事。

請務必留意上述「三個間」，為孩子營造一個能健康成長的良好環境。

第2章

做什麼運動好？

TOPIC
07

身體發育的情形如何？

還記得孩子出生後，第一次站起來時的感動嗎？

還有，是否曾因自己孩子學會站立的時期比其他孩子早，就忍不住懷抱「我家小孩運動神經或許很棒」、「將來是不是有望成為運動選手」等期待呢？

然而，看到孩子的運動能力成長發展時，也有一些必須注意的地方。

每個孩子的狀況都不同，個體差異很大，有的孩子很快就學會走路，也有遲遲學不會走路的孩子。

問題是，**就算很早就學會走路，也不代表這個孩子之後一定跑得快，無法斷言他絕對擁有很強的運動能力。**反過來說，即使很晚才學會走路，也不等於這個孩子完全不會運動或將來一定會長成肥胖體型。

身體發育的順序

在孩子發育的每個年齡階段，都有需要重視的運動。

「斯開蒙的發展曲線」將發展曲線分為四種，曲線圖顯示人類從出生到二十歲之間，各種器官分別以何種進度成長。

四種發展曲線分別是一般型、神經型、淋巴型與生殖型。其中，小孩出生後最初成長的器官就屬於神經型。

神經型曲線是顯示大腦與神經作用的類型。一般來說，神經型器官的發展進度在四歲到五歲這段期間，大概已完成百分之八十左右，到了六歲更完成了百分之九十左右的發展。

不過，這指的並非六歲前已幾乎發展完智商及運動能力，只代表身為人類的行動、成長基礎在六歲之前大致上發展完成而已。

■斯開蒙的發展曲線

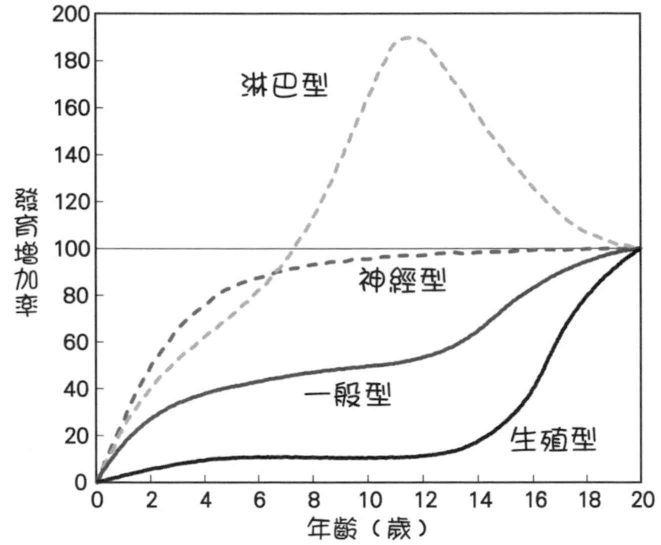

舉例來說，兩歲左右的小孩體力還很差，肌力也很弱，平衡感不穩定，即使走在什麼都沒有的平地上也可能跌倒。

但這並不表示孩子不擅長運動，只是此一時期神經與感覺器官的連動急速發展，身體正在反覆的失敗中建立成功模式。因此就算這個時期孩子肌力不強或平衡感差，身體還是能確實成長。

感覺器官遍布全身，比方說皮膚的感覺、耳朵深處的平衡感應器官、以目測方式取得的平衡感等等。

在神經型器官發展顯著的幼年時期，像這樣讓感覺器官確實受到刺激，可以更加促進身體的發展。

孩子在嬰幼兒時期很難光靠一己之力四處移動，此一時期，讓孩子們借助大人的協助，體驗各式各樣的姿勢與平衡變化，對成長發育來說是很重要的事。

此外，對自家小孩「是否很早學會站」這件事雖然不必太過在意，為了日後能夠好好步行，必須讓他們在步行的前一個階段充分累積爬行經驗。爬行時的動作也要注意，不只是手掌與手肘撐在地上匍匐前進，重點在

於爬行時腳趾（尤其是拇趾）一定要踮起來，像踢著地面前進般爬行。

確實做好這時的拇趾動作，在孩子日後學會走路、開始步行時，可增強立定及踩踏地面時的力道。這樣的力道有促進足弓形成的效果。

此外，即使幼兒出生時雙腿呈O型或外八腿，從學會走路到小學三年級這段期間內多半能漸漸改善，雙腿逐漸拉直。

TOPIC
08
做適合年齡與發育階段的運動

在這一節中將為大家說明，從兩歲到國中的各個階段，分別該讓孩子從事什麼樣的運動。

希望能在幼兒時期從事的運動

孩子在上幼兒園小班前後（二到四歲左右）時期，請製造大量讓他們「使用手部」的運動機會。

這時孩子已逐漸學會雙腳步行，身體也不斷成長，像前一階段爬行時那樣，為了支撐身體而用雙手撐地的機會愈來愈少。但也因為如此，很多小孩一旦跌倒就忘了伸出手，或是手的支撐力不夠，導致臉或牙齒直接受到撞擊，其中也有人因而受到重傷。所以小班階段，建議大人刻意安排孩子從事手腳並用的運動，例如熊步（請參考38頁）就是很好的選擇。**這類運動可鍛鍊手臂力氣，不只減少跌倒時撞傷臉或牙齒的機率，還可提高手腳的連動性**，使全身動作更順暢，是非常適合此一時期孩子從事的運動。

到了中班（四到五歲左右），請試著讓孩子多多從事跳躍的遊戲運動。跳躍遊戲可加強軀幹核心的肌力，增加站定與踏地時的腿部力道。有了紮實的核心，除了走路步伐穩定，日常生活中的各種姿勢也會愈來愈正確。**跳躍時的重點是雙腳併攏。跳躍運動做得愈多，愈能強化全身的肌力。**

接著，到了大班階段（五到六歲左右），請讓孩子多玩一些必須遵守規則的運動遊戲，例如「鬼抓人」或「一二三木頭人」等。

以中班前培養的體力為基礎，與朋友一起遊玩，可讓運動樂趣倍增。**在遊戲中加入規則，**

有助於培育孩子的社會性，踏出邁向成人的第一步。

希望能在小學時期從事的運動

小學低年級（六到八歲左右）時，又該注意做那些運動好呢？

最好讓孩子在這個時期多做跳箱、跳繩及單槓後翻大車輪等**可明確區分「做得到」或「做不到」的遊戲運動**。透過這類運動的訓練，不但能形成其他運動需要的基礎能力，學會之後，還能提高孩子積極挑戰其他運動的意願。

即使是幼兒園時期已成功完成跳箱、跳繩及單槓後翻大車輪的孩子，只要小學一年級這年沒碰這些運動，升上二年級後大約有三成孩子會再次失敗，因此就算孩子之前已經學會過，還是要讓他們持續做跳箱、跳繩或單槓後翻大車輪等運動。

低年級時靠這些運動養成「我做得到這個」的自信，這份自信將轉化為孩子升上中、高年級後繼續運動的意願。

到了中年級（八到十歲左右），**請加入大量跑步，提高心肺機能的遊戲運動**，目的是透過大量運動促進運動時的持久力。運動能力的提升，對提高學習力也有幫助，形成良性循環。因此這個時期的重點，是確保孩子經常擁有在操場或空地等地方跑步的機會。

另外，**升上三年級前後這個階段，肩膀等關節也發育得很穩固了，可讓孩子試著在使用輔具的狀態下，嘗試短時間的倒立等平常不會做出的「非日常動作」**。

我們的注意力往往會集中在眼睛看得見的地方，做倒立等非日常動作時，注意力就能放在平常看不到的後方等位置。透過這些經驗，孩子學到如何掌握自己四周的狀況，提高對身體周遭的**「空間感覺」**能力，對運動能力的提升也有幫助。

之後到了高年級階段（十到十二歲左右），身體已經能進行長距離跑步的運動，不妨試著導入一千公尺跑步等更能刺激心肺機能的運動。

再者，高年級也是提高全身動作精準度的時期，建議積極導入棒球、足球等瞄準目標打出或踢出球類，重視技巧動作的運動。如此一來，整體的運動能力都將有所提升。

希望能在上國中後從事的運動

上了國中之後，進入開始正式長肌肉的時期。

尤其是男孩，若是加上這時期在社團活動中的運動，肌力獲得鍛鍊，效果更是非常顯著。

此外，這個時期有些女孩月經來潮，可能出現貧血或骨頭脆弱的問題，因此運動時要注意不可太過疲累，或將重點放在舞蹈等注重技巧或表現力的運動。配合每個人的身體狀況，選擇適合的運動吧。

就像這樣，每個年齡階段，身體都有不同的成長，適合的運動也不一樣。在為孩子安排運動時，請隨時留意這個重點，這樣就可在不勉強孩子的狀況下，一方面維護了身體健康，一方面享受到運動樂趣。

TOPIC
09

希望能在幼年期培養的三種力量

前一節也曾稍微提到幼兒時期（二到六歲左右）的運動，這個時期特別需要注意培養的能力，是**「支撐力」**、**「跳躍力」**與**「引體向上力」**這三種。

支撐力指的是手臂支撐身體的能力，跳躍力是雙腳跳起的能力，引體向上力則是吊掛在單槓時的臂力。

具體來看，支撐力與跳箱、側空翻等技術相關；跳躍力則是跳繩等運動需要的能力；引體向上力和能否完成單槓後翻大車輪等運動直接相關。

成功完成跳箱、跳繩和單槓後翻大車輪的孩子，往往能獲得周圍「好厲害」的稱讚，在同儕之間站穩地位，也對自己更有自信。光是站在讓孩子擁有自信的角度，就請務必為他們培養支撐力、跳躍力與引體向上力這三種能力。

培育支撐力的重點

在此先說明培育不同能力時，分別需要做哪些動作和注意哪些重點。

首先是支撐力，之前介紹過的「熊步」，就是一種能有效鍛鍊支撐力的運動遊戲。幼兒開始爬行時，以手臂支撐身體，雙手雙腿並用向前爬行，熊步應用的正是這種爬行時的姿勢。和普通爬行不一樣的是膝蓋不著地，臀部向上抬，用雙手和雙腳走路。

人類是用雙腳走路的動物，幼兒時期以雙臂支撐身體的動作，會在成長過程中慢慢消失。然而**運動時善用上半身的力氣達到全身連動也很重要**，尤其是跳箱運動，這是上小學後體育課一定會上到的科目，能否成功完成跳箱，對孩子而言是重大問題。

體育課上跳箱失敗，在眾目睽睽下嚐到羞恥的滋味，因為這樣而討厭運動的小孩非常多。

根據我們以討厭運動的大人為對象，詢問何時開始討厭運動的調查，回答「從小學低年級開始討厭運動」的人占了大約八成，而這八成的回答者，幾乎全都有過小學體育課時跳箱失敗，或單槓大車輪翻不過去的經驗，也從此變成討厭運動的人。

一提起小學體育課上跳箱的情形，很多人都會想起在全班同學注視下，每個人輪流上前跳箱的那一幕吧。

要是當時沒有跳過，又被同學說了難聽的話，真的很有可能因此討厭運動。

為了預防孩子成為討厭運動的人，從幼兒時期開始鍛鍊他們支撐身體的臂力，也就成為一件重要的事。

培育跳躍力的重點

接著是跳躍力。所謂跳躍力，簡單來說就是跳起的動作。不過請一定要注意，**跳起時雙腳的動作必須一致。**

兩到三歲這個階段，幼兒跳起時，雙腳的動作往往不一致，到了四、五歲的中班、大班時期，才終於能夠用雙腳一致的動作跳躍。

跳躍力是從事跳繩等跳躍運動時必備的能力，如果雙腳動作不一致，跳繩就會中途絆住，無法繼續跳下去。此外，跳躍時靠的不只是雙腿，**還要好好擺動雙臂，從雙臂的動作一氣呵成地連貫到跳躍的動作，能夠做到這樣，才能成功完成連續跳繩的跳躍動作。**

除了使用大繩索的多人跳繩，一個人用普通短繩跳繩時，從擺動的雙臂連貫到腿部跳躍的動作也很重要，所以請務必幫孩子從小培養雙腿動作一致的跳躍力。

培育引體向上力的重點

最後是引體向上力。具體來說，這就是吊單槓時必須使用的能力，只是在現代人的日常生活中，很難培養出這種能力。從前的人爬樹或攀吊在什麼地方是家常便飯，現在這樣的機會已經很少了。

若是發育快的孩子，在一歲到一歲半這段期間，已經會自己想抓住什麼東西攀爬垂吊，不過幾乎所有小孩出生二十四個月後，也就是兩歲時，大都已經擁有垂吊的能力。請從這時開始積極為孩子導入使用單槓，或垂吊在什麼地方遊玩的運動吧。

另外，**垂吊時並非只是用雙臂抓住某處讓身體懸空，重點是要在抬腿的狀態下垂吊。**舉例來說，小學體育課時常要求孩子利用單槓做向後翻身大車輪的動作，這時需要的就不只是臂力，還需要朝上踢腿的氣力，也會用到腹肌的力量。

吊在單槓下引體向上的臂力、朝上踢腿的腿力和腹肌的力量，只要好好鍛鍊這三種能力，完成後翻大車輪就不是問題了。

培育出支撐力、跳躍力、引體向上力這三種能力的孩子，一定學得會跳箱、跳繩和單槓後翻大車輪等對孩子來說「可明確區分『做得到』或『做不到』」的運動技術。

可以的話，建議從孩子兩歲左右，就在日常生活中進行這樣的鍛鍊，請務必試試看。

TOPIC 10 讓孩子嘗試各種各樣的運動

似乎有不少爸媽以自己「運動神經不好」或「沒有運動經驗」為由，認定孩子也該放棄運動。事實上，孩子的運動能力與父母沒有太大關係。**與其說孩子的運動能力遺傳自父母，倒不如說出生後的運動經驗影響更大。**

何謂「運動神經好」？

一般來說，我們會用「運動神經好」來形容運動能力高的人。那麼，運動神經好的人和不好的人有什麼不同？

差別就在小時候體驗過的「運動模型」多寡。**根據調查，嘗試過愈多不同運動模型，各式各樣運動經驗愈豐富的孩子，運動能力有愈高的傾向。**因此，真的不用太在意父母的運動能力好不好。

日本人通常喜歡專注投入單一項目的運動，將全力灌注其中，也傾向從小只學習特定一種競技。當然，只要花很長的時間訓練，必然能學會高度技巧。

然而放眼海外諸國，一開始就只投入單項運動的小孩並不多，大部分小孩會先嘗試各式各樣的運動。美式足球、棒球、游泳、高爾夫等等，每一種都先嘗試看看，其中若有成績特別出色的，就持續訓練下去。在國外，以這種方式投入運動的情形比較多。

想要提高運動能力，重要的是先累積各種不同的運動經驗。**尤其是小時候，正處於神經和大腦急速發展的時期，這時累積愈多不同的運動經驗，對將來嘗試各種不同類型的運動就愈有幫助。**

何謂運動模型？舉例來說，用雙腿跑跳的田徑就是一種運動模型，像高爾夫球或棒球那樣使用球具競技的又是另一種運動模型，需要旋轉身體或保持平衡的體操也是一種運動模

■讓孩子嘗試各種各樣的運動吧！

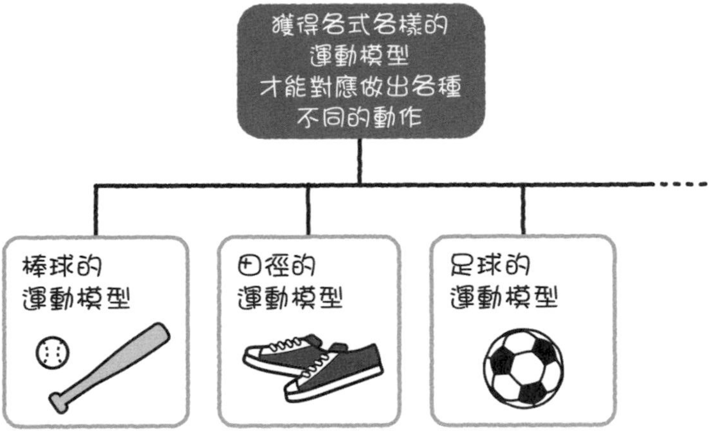

型。就像這樣，將運動區分為各種不同模型。

不言可喻，想獲得各種競技的運動模型，唯一的方法就是累積該項競技的經驗。**小時候體驗過各式各樣不同的運動，長大後身體就能對應各種需要的動作。**

體驗各式各樣運動的好處還不只如此，雖說鑽研單項競技，提高單項能力也不是一件壞事，然而有時可能遇到受傷或其他因素，造成無法繼續那項競技的情形。這種時候，如果平常也有投入其他競技，至少可以迴避「完全放棄運動」的風險。

重要的是內在的成長

還有一件希望各位家長重視的事，那就**是不要光憑運動能力決定孩子的未來。**孩子小時候運動能力高，或許會讓家長期待孩子長大後靠運動謀生，但是兩者其實未必直接相關。即使完全不會運動，長大後還是能過幸福的人生。舉例來說，小時候單槓後翻失敗或跳箱跳不過去，對長大後的日常生活幾乎完全不造成任何妨礙。

然而**「從不會到會」的過程，以及「為了把不會練到會」所投入的心意與努力的態度，這些對孩子成長來說，都是不可或缺也非常重要的事。**

有些家長只在意運動能力或學習力等表面能力，卻忽略了更重要的東西，那就是孩子的內在。或許我們該把運動視為培育孩子的方法之一，透過運動讓孩子養成「想試試看」或「想繼續努力！」的積極態度，從運動中獲得「我辦得到！」的自信，這樣就夠了。

累積成功經驗……使用大繩運動

運動遊戲的目的

◎一次又一次順利跑過大繩底下，累積小規模的成功經驗，培養自信心。
◎養成從激動轉換為冷靜的能力。
◎透過忽快忽慢的動作，養成控制動作力道強弱的能力。

奔如疾風

☑玩法

如一陣疾風般從上下擺動的大跳繩下穿過，考驗孩子是否能在不碰到繩子的狀況下快速跑過去的遊戲。

大人先慢慢揮動大繩，孩子看準時機從繩子底下飛奔而過。孩子一擺脱繩子，繩子立刻再度從後方追上。

一開始，為了讓孩子容易抓準時機，大人可以一邊揮動繩子一邊發出吆喝聲。習慣之後再增加各種有趣的花式玩法，例如讓兩個孩子手牽手一起跑過去，或在肚子上放一張報紙，必須快速跑過報紙才不會掉下來等規則。

☑鍛鍊的能力

節奏感……大繩以一定的節奏擺動，孩子必須掌握節奏的週期才能順利穿過去，藉此培養節奏感。

控制身體的能力……孩子必須在遊戲中算準時機起跑，藉此養成有意識地「啟動」或「停下」身體的控制力。

TOPIC 11

「看我看我！」是希望獲得認同的意思

小孩子一開始運動，經常會對父母說「媽媽看我！」或「爸爸看我！」事實上，在養育小孩的過程中，不只限於運動時，孩子們大概一天至少會說上這句話一次。

幼兒是出於何種心理，對身旁親近的人說出這句「看我看我」的呢？

小孩子最希望父母看見的，應該還是自己「努力的樣子」吧。「我正在努力喔！」「我已經可以做到這樣了喔！」懷著這種心情，希望受到父母的認同時，孩子就會說出這句「看我看我」。

對小孩而言，身邊最親近的大人，尤其是父親、母親以及每天都會見面的老師，是對自身成長做出評價的重要角色。**受到身旁大人的認同，小孩才能實際感受自己正在逐漸成長。**

「看我看我！」是邁向成長的提示

好好看著孩子，認同孩子的努力，對孩子的成長大有好處。此外，當孩子完成了一件事，給予稱讚也很重要，這種時候，不能只是籠統地稱讚，請以具體的詞彙讚美孩子。

例如，比起只說「好厲害！」更好的讚美方式是：「後翻大車輪很難吧？你什麼時候努力練成的啊？好厲害喔！」又或者與其稱讚「做得真好！」不如說得更具體一點：「上次翻的時候屁股有點掉下來，這次沒有掉下來，一口氣就翻過去了呢，做得真好！」像這樣加入一些具體的讚美之詞，孩子就會更熱中於這項運動。

相反地，當孩子們發出「看我看我」的聲音時，如果只是敷衍回應，或是說些不痛不癢的話，孩子可能就會不想再繼續這項運動。回顧日常生活，如果大人只想用自己的步調過日子，面對小孩時的態度無論如何都會顯得草率。

首先，做父母的請站在孩子的立場，觀察他們對什麼感興趣或想挑戰哪些事。接著，當孩子發出「看我看我」的聲音時，要提醒自己注意觀察孩子做得好的部分，如此一來，自然就會說出具體又正面的讚美之詞。

比方說，看到孩子專注盯著智慧型手機螢幕，就請他們分享正在看什麼，或是問孩子從影片裡得到什麼收穫，將這些內容落實在日常生活中。

舉例來說，假設孩子看的是絨毛玩偶的影片，或許可在生活中陪他們玩扮家家酒，如果孩子看的是玩具的影片，那就不妨和孩子一起試著自己動手ＤＩＹ。

請一定要好好關注孩子，一方面認同孩子的成長，一方面在必要時給予建議，引導他們更進步。

努力獲得認同，因而有了自信的孩子，會不斷找到更多自己想做和做得到的事。秉持著這個認知與孩子互動，孩子就會自己愈來愈進步。

要怎麼做孩子才會幸福？

身為父母，希望孩子幸福是天經地義的事。那麼，要怎麼做才會「獲得幸福」呢？想讓孩子相信自己的力量，充分發揮自己的實力，從容不迫地成長，就要先幫他們打好**「自我肯定感」**的基礎。

自我肯定感指的是「知道自己是重要且寶貴的存在」、「知道自己的存在不會受到否定」、「知道自己受到珍惜」的心情，願意接受且重視原原本本的自己。

自我肯定感愈高，內心愈容易湧現努力的力量，也更懂得體貼別人。**想提高自我肯定感，必須累積許多「我辦得到！」的經驗，也必須得到最愛的人認同。**

「認同」和「讚美」不一樣，只有做出某種成果時才會獲得「讚美」，可是就算孩子沒有做出任何成果，大人還是可以隨時「認同」（認可）他們。

認同孩子的存在，認同孩子努力投入運動的姿態，認同孩子天生的模樣，不只看結果，也請讚美他們做任何事的過程。對孩子來說，這些認同都能化為未來的幸福。

想做的事就做個徹底……用紙張玩遊戲

運動遊戲的目的

◎養成在激動與克制間轉換自如的能力。

◎透過忍快忍慢的動作，養成控制動作力道強弱的能力。

◎透過時而激動時而冷靜的遊戲培養專注力。

手刀斬報紙

☑ 玩法

變身為超人英雄，破壞敵人的防護罩。先由兩人拉開一張報紙，另一個人併攏手指，用手刀方式將報紙劈開。

斬斷一張報紙後，改成兩張報紙，一樣由兩人一人一邊拉開，另一個人手刀劈斬報紙。一直追加報紙張數直到斬不斷為止。

☑ 鍛鍊的能力

專注力……透過將力氣集中在一點，從上往下用力揮動手臂斬破報紙的一連串過程，來提高專注力。

五感……用聽覺與觸覺感受斬破報紙時的快感，聆聽各種聲音，體會各種觸感，對活化孩子的大腦很有幫助。

力道調節……雖說必須使力揮動手臂往下斬破報紙，但力道也不能太強。舉起手臂時必須放鬆，只在放下手臂的瞬間用力，藉此養成調節力道的能力。

TOPIC
12

別只執著於運動

事實上，以長期觀點面對孩子成長的父母出乎意料的少。享受孩子的成長過程很重要，但是其中一旦加入了「期待」的成分，父母很容易在不知不覺中產生「說不定他可以再做得更好」的想法，陷入以短期觀點面對孩子成長的窠臼。

舉例來說，當孩子「因為練習所以學會單槓後翻大車輪」時，父母開始期待起孩子「更進一步做什麼」所帶來的好處，認定「只要再練習一下，一定馬上就能學會連續後翻大車輪」，不由自主催促起孩子立刻拿出進一步的成果。我能理解追求「好還要更好」的心情，但是**除了「做什麼帶來的好處」之外**，父母更該知道的是，在孩子的成長過程中，**也有「不做什麼而造成的壞處」**。不去理解這樣的壞處，只是一味期待好處，這絕對不是一件好事。

何謂「不做什麼造成的壞處」？

舉例來說，「沒有養成早睡早起的習慣，造成孩子哭訴身體不適的後果」，這就是「不做什麼造成的壞處」。

其實這類**因為不做什麼而造成的壞處，往往事後才突顯出來。**以生活習慣來說，如果平時沒有讓孩子養成規律的生活習慣，長大成人之後，罹患心理疾病或生活習慣病的風險很高。

「做了什麼帶來的好處」的確更容易讓人有感，但仍請家長務必思考「不做什麼造成的壞處」，以長期觀點面對孩子的成長也是很重要的事。

在「該做的事」與「想做的事」之間取得平衡

透過運動鍛鍊的能力與獲得的好處很多，像是「學會努力」、「學會和朋友合作」、「變

■騰出時間做想做的事！

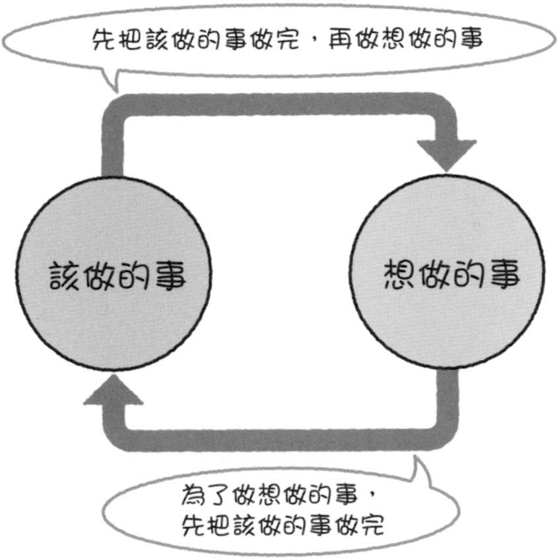
先把該做的事做完，再做想做的事
該做的事
想做的事
為了做想做的事，
先把該做的事做完

得不容易感冒」……等等。

不過，就算不是運動，還是能讓孩子養成需要的能力。希望孩子從小培養的能力，除了「從不會變成會」的能力之外，更重要的是**「即使不會，即使辦不到，也願意積極挑戰」的態度，和「為了從不會變成會」所付出的努力。**

為此，重要的是讓孩子反覆體驗「努力過了」、「從不會變成會了」的成就感與滿足感，面對困難的挑戰時，也能湧現「就算是我也辦得到！」的自信。漸漸地，即使做不到，孩子也會展現出積極向前，樂於挑戰的態度。

小孩子有很多辦不到的事，比方說小時候遇到「非做不可的事」和「想做的事」擺在眼前時，多半忍不住選擇先做「想做的事」，拖延「非做不可的事」，結果就是該做的沒做完。這種情形經常發生。

長大之後可就不能這樣了，因此**重要的是從孩子小時候就培養他們正確觀念，養成「先把該做的事好好做完」的習慣，這樣「才有時間做想做的事」**。

當這個習慣成為良性循環，無論學校裡的功課、運動或孩子本身的興趣嗜好，都能在良好的平衡下樣樣兼顧了。

用「騰出時間的習慣」培養實力

俗話常說，世界上有很多重要的事，但「時間」一定比金錢重要。

讓孩子從小養成自己控制時間，騰出時間的習慣，對他們的將來而言是很重要的一件事。

當孩子一再重複這樣的習慣，就能多出時間挑戰「還辦不到的事」，「從不會變成會」。

此外，面對還辦不到的事時，也得要有充裕的時間和從容的心理，才能培養出不立刻放棄或丟著不管，願意積極挑戰的能力。

這麼說來，**只要從孩子學習力正式開始提升的十歲左右，養成主動學習或運動的習慣，孩子未來就能更進一步成長。**

不只運動，請在各種場合提醒孩子「先把該做的事做完，再去做想做的事」，幫助他們養成這個習慣。日常生活中，請不忘經常這麼叮嚀孩子。

從小學會時間管理不是一件簡單的事，就算已經長大，很多成人也常在日常生活中被時間追著跑。不過大人的提醒可以讓孩子認識時間的重要性，平時也請多多注意孩子的動向吧。

縮短嘗試失敗的期間……丟東西遊戲

運動遊戲的目的

◎養成調節力道的機能。
◎提高手的機能，培養靈活雙手。
◎為了把手裡劍丟進箱子裡，孩子必須思考該從哪個方向或角度丟出等等，養成從失敗中學習的能力。

拋擲手裡劍

☑**玩法**

假裝自己正在接受成為一名忍者的訓練，目標是成功丟出手裡劍。

用繩子或膠帶把手帕或小手巾綁成球狀，當作手裡劍。準備一個大箱子，在人與箱子之間的地板上作記號，將距離分為三個階段。讓孩子站在自己喜歡的記號上拋擲手裡劍，如果成功丟進箱子，就往後退一階段，從更遠的記號拋擲。

習慣這個玩法後，可換成用紙摺成的手裡劍，提高挑戰的難度。

☑鍛鍊的能力

專注力……瞄準箱子拋出手中的手裡劍時，注意力必須集中在箱子與身體之間的距離。反覆遊玩這個遊戲，就能培養出更高的專注力。

視覺空間辨識力……以視覺感受目標物的大小及深度，衡量自己與目標物之間的距離，培養視覺空間辨識力。

「區分對象物體與背景的能力」、「辨識形狀與顏色的能力」、「不受形狀與方向左右，對同樣的形狀能指出『兩者相同』的識別力」、「掌握物體與物體、自己與物體之間相對位置的能力」……這些都是視覺空間辨識力。視覺空間辨識力是學習的基礎，也是非常重要的能力。

專欄

不要把自己的夢想強加在孩子身上

沒有父母不擔心孩子的將來，幾乎所有父母都希望孩子有無限可能，能實現各種夢想。為了這個目標，讓孩子接受必要的學習與才藝訓練的父母一定很多。

然而，孩子的夢想與希望，真的是那孩子想實現的夢想與希望嗎？

「希望孩子完成自己未能完成的夢想」，這或許是某些父母的想法。

孩子的夢想就是父母的夢想

這聽起來確實有令人感受到美好親子關係的一面。然而一旦夢想成為強制，對孩子來說很可能形成負荷，有些時候甚至出現孩子被迫放棄自己夢想的危險，請各位父母千萬不要忘記這一點。

因為孩子最愛的就是父母，不管面對任何事，父母都是孩子身邊最親近的大人，孩子對父母也有一份特別的情感。

父母對孩子說「這是為了你好」的事，其實為的不是孩子，只是為了滿足自己。等孩子長大後發現這一點，內心又會做何感想？為人父母的你想過這件事嗎？

愈小的小孩愈難自己做出選擇，因此最初父母要求或建議自己學什麼，孩子應該都會乖乖接受，可是即使學到一半發現不適合自己，有些孩子卻無法放棄學習。

這種時候，父母最常說的就是類似「決定要做的事就不能輕易放棄」或「這樣長大怎麼會成功呢」。被這麼一說，就算孩子內心已經不喜歡正在學習的才藝，卻無法不持續下去。

換句話說，在沒有其他選擇也無從逃離的狀態下，只因最愛的父母說「不能放棄」，孩子就必須忍耐著繼續學習。

父母和孩子是命運共同體，尤其在孩子年紀愈小的時候，愈害怕父母對自己失望。孩子不能沒有父母的愛，那對他們來說是比什麼都重要的東西。一旦父母的愛以「完成父母夢想」的形式強壓在孩子身上，孩子也只能選擇聽從。

有時父母甚至比孩子更投入……

其中也有原本孩子主動說想學，學到一半來自父母的壓力反而變大的例子。

運動競賽場上經常出現這種例子，看到場上孩子努力的身影，場邊的父母比孩子更激動，不只為孩子加油打氣，甚至大聲怒罵裁判、教練或對手。

孩子努力的時候，父母如果用錯誤的方式過度干涉，或是對孩子強加太過沉重的期待，就算原本是孩子自己選擇踏上的路，父母也會成為這條路上的絆腳石。

每個孩子必定都會迎來靠自己雙腿往前走的瞬間，「對方在做的時候，只要懷抱感謝的心情從旁守護即可，如果無法付出信任，對方就不會成功。」（山本五十六）。所以請做父母的不要心急，要知道強加壓力在孩子身上的風險有多大。

此外，萬一孩子討厭正在學習的才藝了，身為父母也身為人生的前輩，必須為他們準備好其他選擇，這麼做也能幫助孩子將來拓展更多可能性。

幫助孩子擁有夢想，是父母的重要職責之一，然而為人父母必須時常反省自己，也要經常與孩子溝通交流，才不會淪為只把自己無法實現的夢想強加在孩子身上的下場。

與孩子溝通時，請收起父母的威嚴與凶狠的一面，傾聽孩子的內心話。這麼一來，親子之間建立了良好關係，孩子也能更進一步成長。

第3章

兼顧「動」「靜」節奏

TOPIC 13

運動強度不同，培養出的能力也不同

我們開辦的教室裡，指導大人讓幼兒時期的孩子開心地運動遊戲，希望藉此幫助所有的孩子喜歡上運動。

對小孩子來說，「自己辦得到某件事」的體驗，會在日後帶來很大的自信，其中尤以運動這件事為最，因為能親眼看見成果，孩子本身更能實際感受到信心。

用高強度的遊戲提高「心肺機能」

想讓孩子愛上運動，「開心享受」的要素非常重要，然而另一方面，**在孩子的成長過程中，**

有時也必須讓他們進行比較激烈，甚至得全力以赴挑戰極限的運動，才能達到刺激心肺機能的效果。

不過想讓孩子們做高強度的運動，有幾個重點需要留意，尤其是幼兒時期的孩子，因為這個年齡的小孩特別熱中遊玩，一旦感到不開心、不好玩時，他們就會輕易放棄。舉例來說，就算讓這個年紀孩子跑長距離賽跑，也很難看到孩子咬緊牙根跑到終點的模樣。

因此大人該做的不是單純要求孩子「去跑步」，更好的方法，是利用「鬼捉人」等遊玩要素，讓孩子們在遊戲中達到全力以赴跑步的目標。如此一來，孩子就能開心享受高強度的運動了。

如上所述，**全力以赴的跑步或長距離跑步等上氣不接下氣的跑步運動，有望達到刺激孩子心肺機能，提高循環器官作用的效果。**

然而對日常生活中沒有養成運動習慣，或是不習慣跑步的孩子而言，忽然要他們跑長距離或從事劇烈運動，也可能導致傷害身體的風險。

所以請在不勉強孩子的範圍內，從日常生活一點一滴導入帶有遊玩要素的高強度運動吧。

用中強度的運動提高「專注力」

最近的研究中，出現有點耐人尋味的數據資料，我們從這些資料裡發現了運動強度與專注力有關，而專注力又與大腦脫離不了關係。

運動強度太高或太低，都難以促進大腦活性化，反而是**中強度或比中強度稍低一點的運動強度，最能提高大腦的專注力。**

比方說，像是下面即將介紹的跟著節奏律動身體的運動，或是不太劇烈的跑步運動，都有助於大腦的清醒，提高清醒度（專注力），形成適合投入工作或學習的狀態。

如上所述，不同的運動強度能培養出孩子不同程度的能力。在日常生活中的各個場景，分別應該安排什麼樣的運動，就得請家長好好思考，費心安排了。

試著跟著節奏律動……動物或祭典時的動作

運動遊戲的目的

- 透過富有節奏感的律動，養成大腦與身體的連結能力。
- 培養跳躍能力。
- 培養專注力。

踢蛙腿

玩法

想像自己化身為青蛙玩「用腳鼓掌」的遊戲。雙手支撐身體，大大打開股關節，雙腳腳底像拍手般互擊。

☑鍛鍊的能力

支撐力……鍛鍊上臂、肩胛骨周圍與背部的力氣。雙手撐在地板的動作，除了可防止跌倒時身體受傷外，對呼吸、全身姿勢和大腦活動都有良好影響。

平衡感……為了不向後傾倒，必須適度加入跳躍動作，如此一來，就能鍛鍊出良好的平衡感。

空間辨識力……調整把腳踢高時的高度，為了讓雙腳腳底互擊而調整踢腿的高度等，鍛鍊出判斷身體與周圍空間相對位置的空間辨識能力。

鱷魚走路

☑玩法

想像自己化身為水中鱷魚的遊戲。趴在地板匍匐前進，身體確實貼近地面，手像猜拳時比出「布」的手勢，手心貼著地面，臉朝前方往前爬。

鍛鍊的能力

股關節可動範圍……張開雙腿輪流朝地面蹬的匍匐前進動作，有擴大股關節可動範圍的作用，進一步還能預防受傷，也可使動作更流暢。

軀幹核心力……模仿鱷魚的姿勢向前進時，必須扭動軀幹，反覆這樣的動作，達到增加核心穩定性的效果，步行時身體也會更穩定。

引體向上力……匍匐前進時，手臂必須用力把身體往前拉，藉此鍛鍊吊單槓時需要的臂力，也就是引體向上力。

水獺

玩法

想像自己化身為漂浮在海面上的水獺。仰躺在地板上，雙手交握放置於腹部。彎起膝蓋，將腿向上抬高再放下，藉此讓身體蠕動前進。

☑ 鍛鍊的能力

腿力……前進時必須用腿蹬地，藉以鍛鍊腰部和腿部的力氣。

非日常感覺……身體前進時頭靠在地上，這是日常生活中很少採取的姿勢，透過這樣的運動，訓練身體在遇到與平日不同的環境時，也能做出順暢的動作。

平衡感……為了讓身體筆直前進，左右雙腿必須蹬地，這個動作可以訓練左右平衡的能力。此外，運動中也必須留意身體軸心往哪個方向傾斜，有助於訓練平衡感。

鴨子

☑玩法

想像自己化身為可愛鴨子的遊戲。雙腿朝左右大開並蹲下，腳跟貼著地板，模仿鴨子的姿勢前進。

☑鍛鍊的能力

平衡感……抬起一隻腳時，必須注意不讓身體失去平衡，前進時也會注意保持左右平衡，避免跌倒。模仿鴨子前進的姿勢，正好是保持身體平衡感的姿勢。

腰腿力……前進時，從大腿根部到腳底都要動，藉此可以鍛鍊抬腿時需要的腿部肌力和背肌力道。

祭典舞

☑玩法

想像今天是期待已久的祭典日，一起開心跳舞吧。一邊小跳步，一邊配合「噹、噹噹」的節奏拍手。也可以跟著孩子們的步調調整節奏來玩。

☑鍛鍊的能力

跳躍力……由於必須用到平常使用頻率低的腳尖和腳踝、膝蓋周圍及大腿等腰腿肌肉的力氣，自然鍛鍊了跳躍力。

其中尤以有「第二心臟」之稱的小腿更是特別活躍，促進了全身的血液循環。

節奏感……需要先高高跳起，才能一邊小跳步一邊拍手。

為了高高跳起，必須利用手臂大大揮動的時機跳躍。算準時機跳躍，正好鍛鍊了身體掌握節奏感的能力。

平衡感……多做幾次之後，小跳步著地後到下一次跳起前的動作會愈來愈流暢。為了控制身體不要左右搖晃，只要反覆做這個運動，就能鍛鍊出良好的平衡感。

旋轉散葉

玩法

想像自己變身為忍者，身體旋轉掀起一陣風，吹開樹葉擾亂敵人的情景。

在小跳步的途中，一聽見大人拍響鈴鼓，孩子就配合那聲音節奏旋轉半圈（一百八十度），然後向上跳。習慣之後，再改成配合聲音轉一圈（三百六十度）後跳躍。

轉身跳躍時的重點是❶跳起的同時，手臂要聚攏在身上。❷膝蓋要併攏跳。❸穩穩著地後才停止動作。

鍛鍊的能力

跳躍力……藉著跳躍這個動作，鍛鍊孩子腹部到腳底的下半身（包括大腿、腹部、小腿）肌力。

節奏感……配合大人的鈴鼓暗號，從一開始的小跳步切換為旋轉跳躍的動作，此時孩子需要一邊感受小跳步節奏的週期性，才能準確掌握轉身跳躍的時機。這麼一來，就能鍛鍊出良好的節奏感。

平衡感……旋轉跳躍之後，為了順暢地回到下一次的小跳步，需要控制身體不左右搖擺的能力。透過反覆的練習，即可鍛鍊出良好的平衡感。

TOPIC 14

大腦不擅長「忍耐」

孩子剛出生的時候，會先透過「身體的動作」增加學習機會，只是剛出生的身體，往往無法隨心所欲做出自己想要的動作。

要身體隨心所欲做出自己想要的動作，接收來自大腦指令的肌肉，必須配合指令做出正確動作。想達到這一點，需要大量練習。

透過「身體的動作」，孩子慢慢學會做各式各樣的事。

當剛出生的小嬰兒能夠正確接收來自大腦的指令，配合指令做出動作後，接著就會開始模仿身邊的人，與其他人做出互動。之後又漸漸學會語言，學會語言之後，才開始學習、記住生活所需的禮儀規範，具備社會性。

先學會動，再學會停

前面提到，孩子一出生就會想動，不妨把這裡說的「動」想成汽車的「油門」。汽車有油門和煞車，人的身體停止動作時，就像汽車「踩煞車」一樣。

大腦原本就不擅長忍耐，因此剛出生的孩子一開始只想動，伴隨著成長，才慢慢學會如何「停止動作」。

換句話說，**先學會「踩油門」，才學會「踩煞車」**。只要懂得好好運用油門與煞車，孩子就能順利駕馭自己的身體。

從大腦神經的發展也可清楚看出這一點。大腦神經可大分為興奮性與抑制性兩種，先發展的是相當於油門的興奮性神經，接著才發展相當於煞車的抑制性神經。

套用到孩子的成長來看，會出現什麼情形呢？

在一到三歲左右的孩子身上，可看到許多「控制不了自己」、「只做自己想做的事」的狀

■先踩下油門，再慢慢訓練煞車

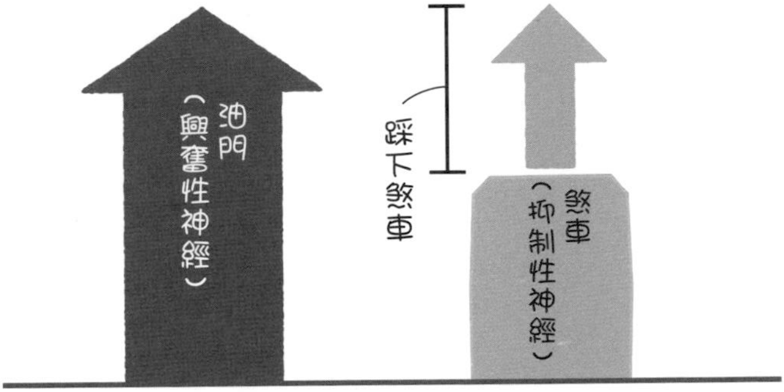

孩子們先發展的是油門（興奮性神經）！

況。例如，在應該安靜的地方大喊大叫，或是四處亂跑，難以制止。

然而從四歲左右開始，抑制性神經慢慢得到發展，孩子就懂得分辨不同場合該做或不該做哪些事了。

因此重要的是配合孩子的成長，**先讓他們擁有能夠「盡情活動」的環境，其次再讓他們學會如何好好地停止動作。**

先不要教他們「忍耐」

偶爾會遇到抱持相反想法的家長，這樣的家

長通常認為「最重要的是忍耐」，從小就嚴格要求孩子忍耐。這麼一來，因為孩子最愛的就是爸媽，當然會乖乖照著父母的要求忍耐。

然而，就像前面提過的，發展的機制是由興奮性神經先取得優勢，再接著發展抑制性神經，無法在抑制性神經取得優勢的狀況下發展興奮性神經。

從小乖乖聽父母話忍耐的孩子乍看之下乖巧，從發展層面看來，未必是一件好事。文靜乖巧又聽話的孩子不用費心管教，在大人眼中看來或許是個好孩子，然而這樣總是提醒自己踩煞車的孩子，等到自我萌芽，控制不住自己情感時，很有可能因為過度踩煞車而失控。到了那個地步，光靠孩子自己的煞車，將無法應付面臨的事態。

正因如此，**日常生活中不該只重視踩煞車，也要適度踩油門。最重要的是，要指導孩子練習在正確的時機踩煞車。**

當然，父母也要好好看著正在踩油門的孩子，當他們控制不了情感，無法適時踩下煞車時，父母必須負起責任，教導孩子踩煞車的重要。

就算小時候乖巧文靜，也不代表長大成人之後依然保持溫和。各位應該都遇過平時安靜穩重，卻會忽然發怒罵人，或是只因一點小事就抓狂的人吧。

動的時候正是踩煞車的好機會！

孩子踩油門的狀態（換句話說就是興奮狀態），父母難免覺得吵鬧或感到心煩，因為這樣的孩子不好照顧，可能也會讓父母煩躁不安。

不過這種時候，正是教導孩子踩煞車重要性的大好時機。趁孩子還小時，讓他們盡情專注在自己想做的事上，想做什麼就去做。

當幼兒在做這些事的當下，一定也會遇到無法稱心如意，事情不如自己預期的時候，表現出不耐煩的樣子，這時父母不妨引導孩子思考「為什麼自己現在這麼不耐煩」，協助孩子好好控制自己的情緒。

接著當孩子進入「想做更多自己喜歡的事」狀態時，就可以進入下一個階段了。

差不多三歲半後，請開始指導孩子「即使有喜歡的事也先忍耐不做，把非做不可的事做完

之後，再去做自己想做的事」。

只要按照這樣的順序引導孩子，等孩子上了小學，正式展開學習時，他們已懂得先主動完成非做不可的功課或才藝練習，把家中規定的家事也做好之後，才去玩遊戲或做自己想做的事，自然而然以這樣的方式生活。

出社會之後，把「必須先做的事」和「自己想做的事」順序弄反的人，將會遇到很多麻煩與困擾。

在孩子小的時候，最重要的是做父母的必須謹記「大腦不擅長忍耐」這件事，好好培育孩子的興奮性神經。

等興奮性神經適度發展了，再站在這個基礎上，配合孩子的年齡與各個發展階段，教他們慢慢學習忍耐。

「小聰明」也能培養生命力……故意錯開時機

運動遊戲的目的

◎培養觀察他人動作的能力。
◎培養切換興奮與抑制的能力。
◎透過時強時弱的運動，培養控制動作力道的能力。

故意妨礙跳繩

玩法

一邊注意著不被父母親的故意妨礙絆倒，一邊享受跳繩的樂趣。

孩子跳過腳下左右搖擺的跳繩，大人一邊數數一邊甩動繩子，有時故意將繩子停下來。繩子一停下來，孩子就要停止跳動，身體也暫時不動。

停住繩子時，大人可發出喊聲或做出誇張的動作，暗示即將停下繩子。習慣之後，可嘗試更大幅度甩動繩子，或在不做暗示的情況下停住繩子。

也可以反過來由孩子甩動繩子，大人負責跳繩。

☑鍛鍊的能力

切換力……切換力和「忍耐力」也有關係。忍耐力往往被解釋為孩子心不甘情不願地接受大人指示，或參加自己不喜歡的活動。換句話說，就是一種消極的態度。

然而忍耐力真正的意義，應該是孩子能自主思考，自發選擇的能力。

舉例來說，因為想玩溜滑梯，選擇站在溜滑梯前排隊，忍耐等待輪到自己上去玩的時候；或是忍耐著不吃零嘴，等到正餐時間再吃飯。為了達到目的，自主思考並做出選擇的「忍耐」，在日常生活中是非常重要的事。

這種忍耐的能力，和「切換力」有密切的關係。將由「動」到「靜」的瞬間變化要素導入遊戲中，藉此培養孩子從「動作」到「靜止」，從活躍興奮到克制忍耐的切換力。

節奏感……跳繩以一定規律轉動，想要順利跳過，就要用心感受律動的週期性，藉此培養節奏感。不只限於運動，許多日常動作也帶有節奏感，需要掌握時機。

例如爬樓梯時，很多人會下意識念著「一、二、一、二」，這就是一種節奏感。等孩子學會自己控制節奏，掌握採取動作的時機後，不只跳繩，在其他需要活動身體的遊戲中也能派上用場。

跳躍力……跳繩時，可鍛鍊雙腳併攏跳躍的能力。

TOPIC 15

培育三種專注力

專注力大分為三種。

第一種是「長時間專注於一件事」的能力，第二種是「切換專注目標」的能力，第三種則是「將專注力分配給超過兩件事」的能力。而這種能力也構成了前面第24頁介紹過的「執行功能」。

一說到專注力，多數人想像的，大概會是第一種「長時間專注於一件事」的能力吧。大部分父母要求孩子養成的，應該也都屬於這種。

這種時候，父母往往只會籠統地要求孩子「好好專心」或「不專心一點不行」，然而光是說這些話，也無法馬上養成孩子的專注力。

重要的是釐清「長時間專注於一件事」、「切換專注目標」與「將專注力分配給超過兩件事」有什麼細微的不同，循序漸進地累積、培養孩子這三種專注能力。

切換專注目標的能力

年幼的孩子，非常不擅長持續且長時間專注於一件事。

因此**第一個讓孩子養成的，最好是「切換專注目標」的能力**。小孩子做任何事時，都很容易馬上分心去做別件事，這種時候，請把重點放在「切換」的動作上。

重點在於為孩子的行動分出輕重緩急。只要平時特意培養孩子「切換專注目標」的能力，取代「拖拖拉拉地專注於某一件事」的狀況，孩子的注意力就能夠快速轉換到下一件事。

在我們開辦的教室裡，即使安排孩子們運動，也不會在一個項目上持續太長時間。取而代之的，是**提供複合式展開多種活動的行程表，把重點放在「切換專注力」上。**

舉例來說，我們會在教室裡放音樂，當樂音安靜沉穩時，就讓孩子做出緩慢的動作，聽見聲音一變大，動作就要加快。等音樂再平靜下來，就再恢復為緩慢的動作。像這樣在快慢的動作中反覆，就能密集達到「切換專注日標」的目的。

這類專注力的切換練習不只限於運動，也可隨時落實於日常生活中，請務必嘗試看看。

長時間專注於一件事的能力

等孩子學會「切換專注目標」後，下個階段就是培養長時間專注於一件事的能力。

培養這種能力時，要先為孩子準備一個沒有雜音，不會引起雜念的環境。

比方說，請試著想像讀小學的孩子放學後做功課的情景。如果家裡有人在孩子做功課時打開電視，或是父母動不動就去跟孩子說話，專注力一定會中斷。

因此首先關掉電視，給孩子一個盡可能專注於眼前事物的環境，幫助他們鍛鍊長時間專注於一件事的能力。

接著是慢慢拉長專注的時間，也可以嘗試改變與孩子互動的方式，或是改變跟孩子講話的時機，逐步拉長孩子將注意力集中在眼前事物的時間。

將專注力分配給超過兩件事的能力

最後，是將專注力分配給超過兩件事的能力，這也是**對社會人而言特別重要的能力。**舉個例子，平常我們在工作中，只需要長時間處理一件事的情況應該不多，因此將專注力分配給複數任務（工作）的能力就很重要。

這種分配專注力的能力，得先養成上述另外兩種專注力才學得會，因此最重要的是先訓練孩子擁有「長時間專注於一件事」，以及「切換專注目標」的能力。

以此為前提，舉例來說，**當孩子在房間裡玩時，或許可以請他幫忙注意浴室裡熱水的出水狀況**，這就是一種訓練的方法。

現在雖然已經有自動偵測熱水狀況的衛浴設備，在進行這樣的訓練時，可以故意不使用自動設備，打開水龍頭放出熱水，再吩咐孩子「五分鐘後去浴室確認洗澡水夠不夠熱」或「十分鐘後去浴室檢查熱水有沒有放太多」。在他遊玩的同時，多賦予一項任務。要事先讓孩子知道，如果他沉迷於遊戲，忘了去浴室確認，熱水就會滿出浴缸，讓孩子負起管理浴室熱水的責任。

這種做法除了訓練自我時間管理，也能訓練孩子同時在腦中進行兩項任務。日常生活中還可以找到各種類似的訓練方式，請在家中安排孩子同時負責兩項任務，增加訓練機會吧。

首先，要先理解專注力有上述三種。接著，分辨自己的孩子目前處於哪個階段，配合孩子當下的狀態，思考日常生活中該如何互動與做出提醒。

TOPIC 16

切換「激動」與「壓抑」的訓練

前一節我們提到專注力有三種，第一種是長時間專注於一件事的能力，第二種是切換專注目標的能力，第三種是將專注力分配給超過兩件事的能力。

想讓孩子們擁有這三種專注力，只要做好「切換興奮與抑制」的訓練，就能發揮良好的效果。

前面（118頁）也說到，不只限於小孩，我們人類的大腦神經區分為興奮性神經與抑制性神經兩種。

興奮性神經可比喻為汽車油門，相對地，抑制性神經可比喻為煞車。妥善區分運用油門與煞車，在鍛鍊專注力時，是非常重要的一件事。

在我們的日常生活中，忙碌奔走、活動力高的時候，就像踩下汽車油門的狀態，刺激著興奮性神經，使其活性化。

相反地，當我們安靜專注於某事或需要沉著冷靜時，為了踩下煞車，就要促進抑制性神經的活性化。

換句話說，在我們的日常生活中，有很多兩種神經都派上用場的狀況。

以下即將介紹的，就是有效鍛鍊孩子這兩種神經的運動遊戲。

在日常生活中導入這些運動遊戲，等於同時培養孩子的油門與煞車，達到同時鍛鍊興奮性神經與抑制性神經的效果。

培育情緒的油門與煞車……切換「動」與「靜」

運動遊戲的目的

◎養成切換興奮與抑制的能力。

◎一方面製造激昂的氣氛與興奮狀態，一方面加入沉穩下來的要素，培養忍耐力。

◎透過同時具備興奮與抑制要素的遊戲，培養專注力。

魔法變身跳

☑玩法

想像自己遇見魔法師，學到不可思議魔法的遊戲。首先，請孩子當場跳躍六下。

一邊說明「跳六下就可以獲得一次變身魔法」，一邊由大人對跳躍中的孩子施展魔法。接著，讓孩子按照大人的指示變身，像是「變身為稻草人」等，建議最好是可讓孩子「變身」為瞬間靜止不動的東西。

等到孩子學會瞬間靜止不動的變身後，可再加上「熊步」等指示，要他們在緩慢的動作中變身。

☑鍛鍊的能力

跳躍力……透過跳躍的動作，鍛鍊從腹部到腳底的下半身（包括大腿、腹部與小腿）肌力。

抑制力……為了在第六次跳躍後瞬間停下動作，孩子必須在第五次跳躍時就做好停止動作的準備。

我們已經知道停止動作可促進大腦活性化，除此之外，在指定的跳躍次數後停止動作的遊戲，還可培養孩子的忍耐力。

想像力……這裡的想像力，可視為「在心中更鮮明描繪身影及形象」。例如聽到大人說變身為「稻草人」時，發揮想像力揣摩稻草人的形象，藉此培養想像力。

專注力……在興奮與抑制中反覆來回，就能均衡地鍛鍊出本書介紹的三種專注力（127頁）。

數數袋鼠跳

☑玩法

化身為袋鼠，一邊做袋鼠最擅長的跳躍，一邊拍手的遊戲。在同一個地方連續跳躍，兩次跳躍之間，依照大人事前指示的次數拍手。

大人可不時用「停」取代指示的次數，臨時暫停遊戲。透過這種方式讓遊戲高潮迭起，達到興奮與抑制的穿插。習慣之後，也可以嘗試連續跳躍拍手。

☑鍛鍊的能力

節奏感……想一邊跳躍一邊拍手，就要跳得夠高。為了高高跳起，必須利用手臂大大揮動的時機往上跳。算準時機跳躍的動作，可鍛鍊身體掌握節奏感的能力。

跳躍力……透過跳躍的動作，鍛鍊從腹部到腳底的下半身（包括大腿、腹部與小腿）肌力。

專注力……在興奮與抑制中反覆來回，就能均衡地鍛鍊出本書介紹的三種專注力。

專欄

「藉口」的效用

聽到「藉口」，多數人想到的都是逃避自我責任，將問題歸咎他人等負面印象吧。然而實際上，在孩子成長過程中，「找藉口」其實是一項重要的技能。

不為自己的言行舉止負責，確實不是一件好事，不過有時「找藉口」這個行為本身未必是壞事。

舉例來說，長大成人之後，想對別人傳達什麼時，如果希望正確表達自己的意思，「資訊正確」和「具有邏輯的敘述」都是不可或缺的技能。

不過問題就在於小孩子說的話，多半還缺乏語言詞彙的正確性及邏輯性，這種時候「找藉口」的行為，正好能幫助他們鍛鍊這兩種能力。

「找藉口」是成長的良機！

孩子找藉口時，通常是做了錯事、遇上失敗而想要掩飾的時候，因此這時孩子一定正不停快速地「動腦筋」。

在這個狀況下，除了考驗大腦的語言能力、排列事物發生順序等關於數學的能力外，為了更有邏輯地表達，還必須動用腦中所有資訊，決定按照什麼順序描述哪些人參與了何種事件，設想怎麼說話才不會刺激父母過往的哪些記憶，怎麼表達自己才不會挨罵……孩子找藉口的時候，腦中必須同時思考這麼多事。

遇到這種情形時，多數父母可能會用「不要找藉口」來制止孩子，不讓孩子把話說出口。不過，此時若能試著讓孩子講出藉口，反而有助於得知孩子現在擁有哪些資訊，已經懂得用什麼方式表達，平常和朋友接觸的情形如何，培養出了哪些價值觀……甚至可以得知孩子現在的真心話及實際面臨的狀況。

因此當孩子想找藉口時，請先靜下心來聽他們說。聽到一半時，或許會發現他們找的藉口露出馬腳，前後邏輯不對，或者說出不適合一個人在成長過程中該說的話，價值觀出差錯等情形。

孩子在找藉口的時候，多半處於「努力不讓自己挨罵」的危機狀態中，因此很容易看出他們內心真正的想法。這時大人要好好把是非對錯與希望孩子思考的事整理好，明確地傳達給他們，幫助孩子改掉錯誤，走回正途。同時，這也是建立良好親子關係的大好時機。

這些溝通互動的過程，可提高孩子的邏輯思考及有條有理的表達能力。或許也能趁這個機會，讓孩子明白使用語言向他人傳達想法的困難，以及記住正確語言詞彙的重要。

近年來網路社群普及，在生活中使用省略、簡化過的語言詞彙也能達到溝通目的。然而在工作上或私下建立人際關係時，使用正確詞彙與文章表情達意，傳遞資訊情報，對孩子的未來而言，是絕對不可或缺的技能。

社會上的領袖人物說的話都具有分量、值得信賴且充滿說服力，正因如此，才會有那麼多人願意追隨。

為了讓語言詞彙成為孩子將來的武器，即使他們現在找藉口，也請視為幫助孩子成長的過程之一，從旁守護監督吧。

第 4 章

以運動培養「社會性」及「協調性」

TOPIC
17

何謂協調性？

常聽人說，協調性是生活中非常重要的事。
那麼，協調性究竟是什麼意思？
此外，父母想讓孩子學會的協調性又是什麼樣的東西？

活在社會上需要哪些能力

我們活在社會上，想扮演好自己的角色，想對家人或周圍的人有所貢獻，就必須培養幾種能力。

首先是**「解決問題的能力」**。明明是自己的問題，自己卻不去思考，只想依賴別人，或是靠自己無法解決，只會照別人說的去做，這樣的人對周遭無法做出貢獻。

其次是**「靠自己判斷的能力」**。要有這樣的能力，最終才能「自己負起責任」。能夠靠自己判斷的成人，才會受到周遭的人信賴，相較之下，總是優柔寡斷，做任何事都把責任推到別人身上的人，往往不容易成長。

最後是**「和他人談判、協商的能力」**，今後這種能力會愈來愈重要。與他人協商時，需要考慮到自己與對方，雙方的利益都要兼顧，再進一步思考最後的妥協點。這是許多人不擅長的技能，但現在社會漸趨國際化，與異文化人士有愈來愈多交流機會，在孩子們成長後的未來，這種能力會比現在更重要。

何謂真正的協調性？

培養了上述這些能力，時而在與他人往來時發揮力量，時而克制自己的想法，配合別人的步調，像這樣的人，或許就能定義為「具有協調性」。

也可以說，協調性就是**「配合他人調整步伐，彼此相互支援，朝更有生產力的方向前進」**。

肩負某項任務，就要負起責任完成，遇到不知如何判斷時，就和夥伴商量後，獲得對方同意再做決定。就像這樣，一方面好好發揮自己的實力，一方面和別人互助合作，有時也要收斂自己的主張，配合其他人的步調，這就是在社會上生存所需的協調性。

這麼想來，**想要培養社會生活中的協調性，或許不該光是配合他人的步調，也得思考如何培養自己的能力才行。**

有些人特別害怕與別人起衝突，寧可配合別人，就算有自己的想法也默不吭聲，對著周遭眾人察言觀色，即使發現自己意見和別人不同，還是選擇贊成別人的意見——只要配合他人步調，就不用擔心遭到集體霸凌或排擠。直到不久之前，社會上還認為這種想法是好的，把這種觀念當作「具有協調性」。

然而，現在是每個人都要強調自己特色的時代，該提出什麼意見就提，同時，倘若別人提出與自己不同的意見，只要願意接受對方的想法，也不用過於主張自己的意見。分辨何時堅持，何時妥協也是很重要的事。

但是**如果「沒有自己的想法」，只會成為乍看之下具有協調性，其實只是隨波逐流的大人**。因此今後的孩子們需要的是擁有自己堅定的想法，培養在社會上生存所需的協調性。

從前那個把「只要配合別人就好」視為美德的時代已經結束了，未來的協調性，是一方面善用自己的能力，一方面增加與自己並肩前進的夥伴。請記得，**今後的社會中，協調性不再只是看周遭眾人的臉色做事。**

大家一起玩……集團享受運動

運動遊戲的目的

◎透過團體遊戲，培養社會性。

◎讓孩子發現遵守共同規則的遊戲帶來何種「樂趣」。

避開毒繩

想像敵方忍者手持塗有毒藥的長繩跑過來，必須跳過長繩（不能碰到長繩）以免中毒。

☑**玩法**

先用膠帶在地上貼出兩條間隔二十五公分左右的線，讓兩到三個孩子站在兩條線內側，排

成一列。

手持長繩的大人分別站在兩端，像是要絆倒孩子們似的，拉著長繩從孩子前方往後方跑。長繩經過腳下時，為了不碰到繩子，孩子們必須跳起來。跳之前和落地之後，雙腳都不能超出地上的兩條線。

鍛鍊的能力

抑制力．專注力．協調性……要和朋友攜手跳過毒繩，需要配合彼此跳起的時機。如果每個人都在自己高興跳的時候跳，只會害自己和朋友都碰到毒繩。

觀察自己和朋友的動作，察覺「朋友蹲低了，應該準備要跳了」時，自己立刻呼應朋友的動作，這些都是玩這個遊戲時必備的技能。為了達到這些技能，需要將專注力同時分配在朋友的動作和毒繩的動向上，還要有控制自己動作的意志力，以及為了與朋友一起達到共同目標，互讓互助的協調性。

這些能力是無法靠智力測驗測得的「非認知能力」，非認知能力是指我們人類在社會生存必須具備的「為達成目標而努力的能力」、「與他人情感連結的能力」、「控制自我情緒的能力」等。

跳躍力……跳繩遊戲能鍛鍊跳躍力，培養腰腿的力氣，打造人類以雙足步行的基礎。不只如此，也有報告指出，人在跳躍時動用到大腿肌、臀大肌與背肌等幾條較大的腰腿部肌肉，對促進大腦活性化很有幫助。

石化之術

☑ 玩法

想像自己化身為忍者，孩子以「石化之術」變身為石頭，目標是在不被大人發現的情形下碰觸大人的身體。

這個遊戲可以想成同時有好幾個人當鬼的「一二三木頭人」。請兩到四位大人一起陪孩子

遊玩，每個人分別站在相隔一段距離的不同位置，隨機輪流大喊「發現敵方忍者了！」並向後轉頭。孩子趁這時不出聲音地朝大人移動，大人一把頭轉回來，孩子就要瞬間靜止不動。

可加入模仿動物走路姿勢的花式玩法。不過，坐下或躺下的動作太危險，請一定要站著玩這個遊戲。

☑鍛鍊的能力

獲得規律性．抑制力……孩子四歲之後，就可開始玩需要遵守規則的遊戲，若不遵守規則，遊戲將難以進行，因此這類型的遊戲有助於孩子理解自己身處何種狀況，並遵守團體紀律（規則）。

理解遊戲所需的規則，在遵守規則的狀況下遊玩才能獲得樂趣。除了讓孩子明白遵守紀律的重要性，透過「不遵守規則遊戲就不能成立」的思考，也能加強孩子的理解能力。

此外，遵守規則，和夥伴一同遊戲的過程中，對彼此的信任得以發展，變化為更具高度的遊戲。和朋友共享信賴關係，懂得為對方著想，與人相處時的溝通能力也隨之提高。

判斷力……聽到大人喊出「發現敵方忍者了！」的「了」字時，孩子就必須從移動轉為靜止不動。

判斷靜止不動時機的，是大腦中稱為「前額葉皮質」的部位。前額葉皮質掌管的有「知識、情緒、欲望、忍耐」，也就是在第16頁介紹的大腦部位。前額葉皮質的作用特徵是：比起持續動作，瞬間停止動作忍耐不動時會更加活躍。

透過這個遊戲鍛鍊前額葉皮質，可適度壓抑欲望及情緒，如此一來，憤怒時也能做出冷靜的判斷。

核心肌力·平衡感……這個遊戲以連續的「移動」和「靜止」組成，有時必須在單腳站立或前傾等不穩定的姿勢下靜止不動。在不穩定的姿勢下保持不動，就能鍛鍊擔任支撐身體要務的核心肌群。

提高核心肌力除了運動身體方面的好處，對學習層面也有良好影響。核心肌力愈強，脊椎就愈能穩固地支撐身體，穩定頭部。頭部一穩定，「觀看」、「嗅聞」與「思考」等認知機能就更加充分發揮作用。

TOPIC 18

在大自然中培養「思考力」

在大自然裡盡情活動身體遊玩，對孩子而言是非常開心的經驗，這樣的遊玩過程中，也充滿了許多成長不可或缺的要素。

然而，最近的孩子少了許多在大自然裡徜徉、活動的機會，因此雖然他們很習慣使用在固定環境下製造，循固定方法遊玩的玩具，**卻不擅長用自己思考、發現的東西遊玩，少了許多動腦與發揮創意的機會。**

當孩子們在大自然裡遊玩時，「拿自己發現的東西來玩」的機會必然增多。因為自然與環境會跟著季節改變，在山林、河川或大海等不同環境下，周圍的狀況也各自迥異，遊玩的內容自然每次都不一樣。

此外，大自然裡有很多日常生活中看不到的東西。使用這些東西遊玩或製作玩具，能幫助孩子累積各種新鮮的經驗，每一次都考驗著他們發揮創意巧思的「思考力」。

想像力在大自然中滋長！

「靠自己思考」對孩子的成長而言是非常重大的能力。在大自然中遊玩時，能夠體驗到許許多多日常生活無法輕易體驗的事，打開孩子們的視野，增進他們的思考，加深孩子對事物的理解。

不光是拿用途固定的玩具遊玩，在大自然裡思考眼前的東西能拿來怎麼玩，想像力頓時天馬行空滋長，進而發展出愈來愈多創意巧思。在大自然中遊玩，能夠讓孩子擁有很多這樣的體驗。

再者，隨著季節的改變，樹枝、果實、樹葉和花等大自然中的事物也會跟著改變形貌，這些都是光從書本圖鑑感受不到的變化。在大自然裡遊玩的孩子，能對這些細微的變化產生興趣，深入探索原因。透過這樣的行動，學到更深入的知識。

如上所述，**在大自然中接觸各種事物，可以成為孩子深入學習的動機。**以結果來說，也能加強他們在社會上生存的能力。

日常生活中，父母有心讓孩子學習的能力，多半是學習力及社會生活所需的禮儀規範。就某種程度而言，這些都只是固定能力，但是孩子們今後在社會上生存所需的重要能力卻不只有這些。

到了一定年紀，孩子就得離開父母身邊，過自立的生活，這時考驗的是他們能否用自己的頭腦好好思考，有沒有靠自己成長的技能。

要是孩子長大之後，成為一個只會按照別人指示行動的人，那就傷腦筋了。想為孩子培養自立生存的技能，不妨多讓他們體驗大自然，相信能從中獲得不少助益。

在大自然中開拓視野

舉例來說，在自然中觀察樹木，會發現即使是同一棵樹上的枝葉，大小未必相同，顏色、圖案也不一樣。**透過這個體驗，孩子們學到了「同中有異」的道理**，如果只在標準化商品包圍下生活，很難獲得這樣的體會。

另外，這種對事物異同的理解，和孩子們「認識自己」的過程也很類似。

即使相同年齡，就讀同一所學校，每個學生的特性都不相同。每個人不一樣的地方，其實也可說是各自的優點，孩子在大自然中的體驗，有助於理解自己與同儕「同中有異」的部分。

反之，還能學習到「不同個體也有相同之處」的道理。

孩子們在生活中累積各種經驗，其中想必有高興開心的事，也會有悲傷痛苦。

這時，只要孩子學會體認「每個人都有各種考量，也有各自的優點與專長」，就能加深對他人的理解，培養出同理心，這是成長過程中非常重要的事。

在大自然中也能培養「堅韌」

此外，現今屢屢發生重大天災，每個人都必須學習危急時保護自己的技能。就拿生火這件事來說吧，平常在家只要打開瓦斯爐就能輕易用火，在大自然中想生火使用，卻是比想像中困難許多的事。

這類求生技能與保護自身的行動，在大自然裡更有機會挑戰與學習。

請務必在不同季節帶孩子前往不同情境的大自然，培育他們的求生能力。

放鬆身體，消除疲勞……伸展身體

運動遊戲的目的

◎把意識集中在自己的身體，提高對身體的想像力。
◎平靜的動作，有舒緩情緒，安定心情的效果。
◎達到不讓疲憊殘留的放鬆作用。

手臂伸展

玩法

①伸展肩膀到手腕附近的肌肉。先將伸直的一邊手臂拉到胸前，用另一邊手臂挾住，繼續往

胸前拉緊。要注意的是，肩膀不可舉得太高。

②伸展手臂內側的肌肉。先伸出單側手臂，掌心朝內。用另一隻手抓住手指往前拉。這時也可把手臂往上抬，讓肌肉獲得更大的伸展。

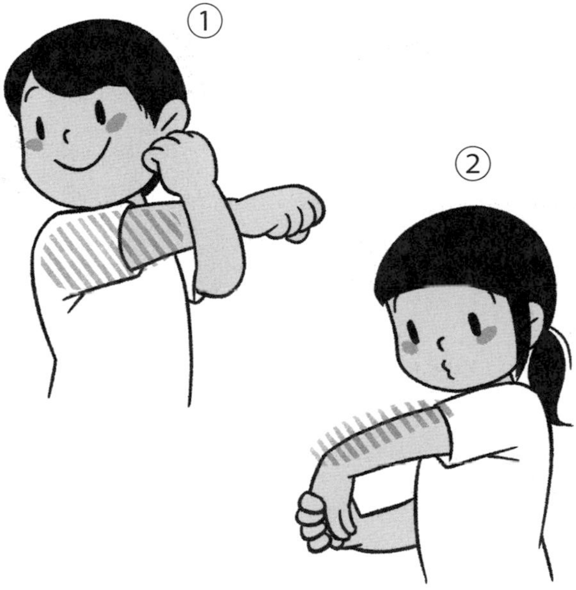

腿部伸展

①伸展股關節到小腿附近的肌肉。先以雙膝跪地，接著單腳向前大跨步，雙手放在這隻腳的膝蓋上。上半身直挺，往前跨步的這隻腳向前深深屈膝，此時將雙腿用力拉開，但屈膝的膝蓋位置不能超出腳跟。維持上半身挺直姿勢，視線望向遠處。

②伸展股關節的肌肉。雙腳朝左右兩側張開，雙手撐在前方地面。上半身慢慢往前傾，保持這個姿勢一段時間。

③伸展臀部到大腿的肌肉。先採取仰躺姿勢，將單邊膝蓋拉到胸口。注意腰部和臀部不可騰空，雙手抱住膝蓋。

①
②
③

體側伸展

雙腳打開與肩同寬。雙手交握，掌心朝外，手臂向上伸展，身體分別朝左右呈弓形，伸展側身肌肉。

☑ 鍛鍊的能力

柔軟性……透過拉筋，延展肌肉與肌腱的伸展範圍，除了肢體動作更流暢外，還有預防受傷的效果。

對身體的想像力……將意識放在身體各部位進行伸展時，必須同時發揮對身體的想像力。只要有了對身體的想像力，就能隨心所欲活動自己的身體。

抑制力……快樂地遊玩過後，做這些肌肉的伸展，可鍛鍊孩子在「動」、「靜」之間切換的能力。

TOPIC

19

以運動控制衝動

我們在做出任何動作之前，都由大腦對肌肉發出訊號，肌肉再遵循這些訊號內容，實際做出動作。

不過，不只大腦會對肌肉單方面發出訊號，肌肉也會將訊號傳送回大腦。大腦與肌肉隨時保持互動，藉此精密地修正動作。

根據這個事實，最近有研究指出，透過運動將訊號由肌肉傳送到大腦，具有促進大腦活性化的作用。

從我進行的研究中，則發現中強度的運動，例如慢跑程度的運動，能適度刺激大腦，促進活性化，為疲憊的大腦帶來良好的恢復效果。

■大腦與肌肉的關係

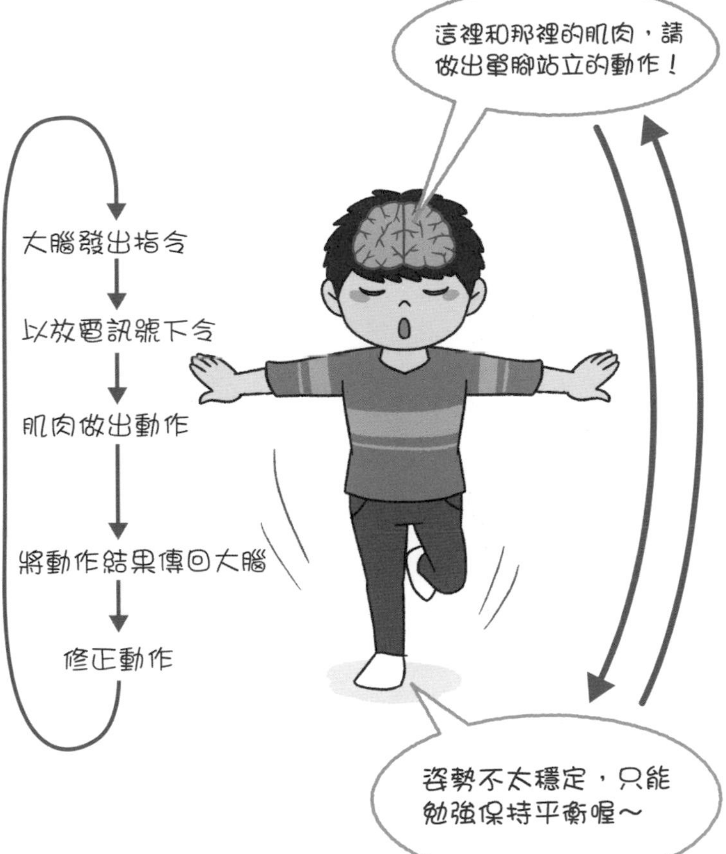
這裡和那裡的肌肉，請做出單腳站立的動作！
大腦發出指令
以放電訊號下令
肌肉做出動作
將動作結果傳回大腦
修正動作
姿勢不太穩定，只能勉強保持平衡喔～

這種時候，尤以大腦（大腦新皮質）中前額葉皮質的背外側前額葉部分（大概在太陽穴稍微上面一點的地方）最能受到活性化的刺激（請參照第16頁大腦圖）。

這個大腦前額葉皮質的背外側前額葉部分，掌管著我們的興奮力與抑制力，也被稱為「大腦司令塔」。

如15～16頁的內容所述，大腦中有些部位負責管理語言，有些部位負責管理視覺……像這樣負起不同責任分工合作。統整各部位作用，做出最終判斷的，正是這前額葉皮質的背外側前額葉部分。

大腦並非整體同時全力運作，**只在必要的時候，由必要的部位發揮作用，相反地，其他部位則處於休息狀態。為了發揮最大效率，這是很重要的安排。**

透過運動刺激大腦，能為大腦帶來順暢運作且提升效率的效果。

運動也能培養控制情緒的力量！

在孩子們的成長過程中，有時會面臨無法控制自己情緒的狀況。

舉例來說，遭受父母責罵、被朋友惡意欺負，或是事情無法按照自己希望的發展時，很有可能無法控制憤怒及悲傷等情緒。然而人不能永遠放任自己情緒失控，隨著年齡增長，每個人都必須學會控制自己的情緒，壓抑衝動。

情緒的控制以前面提到的大腦前額葉皮質背外側前額葉部分為中心，由此可知，**想培養控制情緒的力量，運動是一種很有效果的方法。**

運動身體不只有鍛鍊體力和肌力，打造健康身體等好處，還能提高大腦機能，達到控制情緒、提高注意力等各種與腦功能相關的效果。

日常生活中的體育賽事或運動，重要的不只是分出勝負，光是能做到持續活動身體，對孩子的成長就能帶來良好影響。

此外，就算在運動比賽中落敗，產生「不甘心」等情緒時，對孩子而言仍是寶貴的人生經驗。這時只要好好面對「不甘心」的情緒，就能進一步培養控制情緒的力量。有了這樣的認知，家長在孩子比賽落敗時，就不會對他們說「怎麼能輸呢！」也不會做出負面評價。取而代之的，是以積極正面的態度，鼓勵孩子「下次會更好！」這些積極正面的喊話，能讓親子運動更有樂趣也更充實。

如上所述，運動也會發揮對心理層面的影響。

養成多角度看事物的能力……從表情判斷對方內心

運動遊戲的目的

- ◎培養讀取對方情感的能力與想像力。
- ◎訓練自我情感的表達。
- ◎透過臉部肌肉的動作，打好發音及咀嚼力的基礎。

變身之術

玩法

想像自己變身為忍者，潛入敵方巢穴。為了不被敵人識破，必須做出各種表情的遊戲。

首先，大人先做出指定的表情，用表情來傳達喜怒哀樂等情緒，再請孩子試著模仿大人的表情。

等孩子習慣「做表情」—

之後，接著要他們做出各種不同的表情，讓大人猜孩子做出的表情是在何種情境下，表達何種情緒。

☑鍛鍊的能力

表情肌……清楚表達喜怒哀樂等表情，可廣泛運用到臉部各種肌肉。臉部肌肉確實動作，對發音和咀嚼能力都有幫助。

想像力……看著大人說的話和做出的表情揣摩想傳達的意思，藉以提高想像力。

觀察力．表情辨識力……為了從別人的表情中讀取對方的情緒，必須觀察對方的臉。藉由觀察他們的肢體語言、手勢及讀取表情時很重要的「眉毛、眼睛、嘴巴」，就能推測出對方的情緒。

透過這個遊戲，讓孩子養成與他人往來交際時的重要能力——觀察力。

此外，「表情辨識力」是從對方表情中正確揣摩對方心情的能力，培養這個能力，有助於與朋友建立圓融關係，是人際溝通中不可或缺的能力。

與揣摩對方情緒同樣重要的，是做出「能正確表達自己情緒的表情」。
順利理解對方的情緒，自己也透過表情做出適當的反應，在與他人往來時就能順利圓滿地溝通了。

TOPIC

20

以運動為基礎培養禮儀與思考

介紹到這邊，可以知道運動能帶來大量失敗與成功體驗，在孩子成長過程中是非常有意義的事。

孩子必須在成長過程中學習各式各樣的事物，但是任何事都無法立刻學成，只有在一次又一次的反覆經驗中才慢慢學會，逐漸內化為自己的能力。

反覆經歷成功與失敗，最後形成自己的力量

運動也一樣，不可能一學就會。舉例來說，拋球、擊球的動作也都得在一次又一次的反覆練習後，慢慢提高準確度，最後才終於學成。

因此，想為孩子製造同時擁有失敗與成功經驗的機會，運動可說是非常好的選擇。

此外，從以前就有很多人說，運動對孩子學習禮儀規範也有好處。比方說筷子的拿法等日常生活中的禮儀規範，向人道謝、寒暄等禮節等等，都不是能馬上學會的事。

想學會標準的禮儀規範，還是要靠經年累月的反覆執行，最後才會變成理所當然的行為。**運動也同樣需要反覆練習才會高明，與禮儀規範的性質非常近似。**

由此可知，運動過程中提升的不只是動作或技巧，遵守運動規則、在運動中與夥伴的互動交流，都有助於孩子學習社會生存必備的各種能力。在運動時，把焦點放在這些地方也很重要。

除此之外，為了培養孩子今後的「生存力」，**也請家長務必關注從運動中學習新能力及新技能的「過程」**。

首先，一定要能把握孩子「目前做得到什麼、做不到什麼」的現狀。進入下一個階段後，藉由反覆練習，將至今做不到的事學會，並且做得愈來愈好。

接著，要把視野放寬，思考孩子透過這些運動及活動能學會什麼、孩子本身在運動時該注重什麼，安排運動時，再以此為基礎定下具體目標。

按照以上步驟循序漸進，孩子就能確實從運動中養成過去沒有的新能力與新技能。

比起「只做不想」，更重要的是「邊想邊做」

運動培育的還有另一種能力，那就是「思考方式」與「思考力」。

二〇二〇年起，日本的小學也將「程式設計」定為必修課之一。讓小學生學習程式設計的目的，並非訓練他們像職業工程師一般，寫出驅動機器人的艱澀程式碼，最主要的目的是訓練小學生運用邏輯，有條有理地思考。

舉例來說，當小孩子自己動手寫了程式，一開始當然會發生「出現錯誤訊息」或「無法順利動作」等問題。這時他們首先要做的，是找出錯誤的地方，正確指出問題所在，再進一步解決問題，將程式內容修改得更完整。導入程式設計課程最大的目的，正是培養學生養成這樣的思考習慣。

前面也介紹過，**運動和程式設計一樣，非常適合用來培養思考方式及思考力。**

父母多半希望孩子長大後，成為發展均衡，擁有全方位技能的大人。在孩子運動時也一樣，不要只是「照大人說的做」，可以引導他們欣賞職業選手的影片嘗試模仿，也可以錄下孩子運動時的影片，讓他們研究自己在什麼情形下出錯。如此一來，孩子們就會用自己的頭腦思考，取得各方面的平衡。

養成客觀接受指導與意見的習慣

比方說，在體育競技或運動過程中，有時接受教練指導，有時一起運動的朋友也會提出意見。這種時候，孩子如何接受別人的指導和意見，對將來也會造成重大影響。

來自他人的指導及意見裡，一定會有否定言論，然而孩子必須養成思考的習慣，好好思考這些否定言論背後，說話者有什麼樣的心思或心意。

就算說話者沒有那個意思，言語有時仍會尖銳刺入聽的人心中。尤其是電子郵件的文句，經常以意想不到的方式傳達，結果傷害了接收者的內心，因此家長有時必須為孩子「翻譯」話語中的意思，引導孩子以俯瞰角度觀察眼前發生的事。例如，「〇〇同學為什麼會那樣跟你說呢？」像這樣誘導孩子思考，或陪著孩子一起思考，對內心受傷的孩子來說，或許能成為一種救贖。

在這個過程中，孩子們學會使用自己的頭腦思考，「思考力」得以獲得鍛鍊。有了這樣的習慣，**日後即使遇到不合情理的委屈，孩子們也不會用走一步算一步或逆來順受的態度面對，而是會去思考「為什麼事情這麼不合情理？」找出眼前事態的原因，以更聰明的方式生存下去。**

請務必以「如何在今後的時代中生存」的角度，盡可能帶領孩子嘗試挑戰，累積大量失敗與成功的經驗。

此外，在鍛鍊孩子的思考力時，除了運動技巧外，一如本書在這裡介紹的，也要注意孩子內在的成長，加深平日與孩子的互動交流。

意識到自己、對方、目的、方法……準確判斷自己扮演的角色

運動遊戲的目的

◎養成「從對方的行動判斷自己該怎麼做」的判斷力。
◎一方面掌握整體狀況，一方面找出達成自己目標的最佳途徑。

反陷阱

想像自己正在躲避窮追不捨的敵人，在路途中彼此設陷阱的遊戲。

☑玩法

①用繩子或膠帶在地上框出一個圓圈，在裡面放置正反兩面的標記筒（Space Marker cone），將孩子們分成兩組（一組把正面翻成反面，一組把反面翻成正面）。

②選擇類似《天堂與地獄序曲》等節奏輕快，切換處容易辨識的樂曲播放。請孩子們配合樂曲節奏，在圓圈線上按順時鐘方向跳躍。

③聽到大人喊「好，開始！」孩子們就跳進圓圈中，將標記筒翻面。請孩子記住自己翻了幾個標記筒。

④大人打出信號，孩子

再次回到圓圈線上跳躍，配合樂曲反覆②和③的步驟。最後發表各自翻了幾個標記筒。

☑ 鍛鍊的能力

視覺機能……為了找到自己這一組必須翻面的標記筒，必須環視整個圓圈內的標記筒。環視整體，鎖定自己必須翻面的標記筒——反覆進行這樣的動作，就能鍛鍊掌握整體狀況的「環視」，與明確找出目標物的「注視」，流暢地切換這兩種視覺機能。

視覺機能包括獲取外部資訊的「輸入系統」（視力、眼球運動、雙眼視覺機能等），處理輸入資訊的「視覺資訊處理系統」（分析型態、掌握空間相對位置、動態辨識等），以及將視覺資訊傳遞給運動機能的「輸出系統」（閱讀、書寫、手眼協調等）。

此外，視覺機能中還有兩眼分工合作（雙眼視覺）、將視線朝想看的目標物投射（眼球運動）、將焦點聚集在想看的目標物上（調節）等「視力機能」。

還有，只注意看到的事物中重要的部分，忽略不重要部分的「視覺注意力」，以及掌握形狀及空間關係的「視知覺」、「視覺認知」，記住所見資訊的「視覺記憶」，看著圖形描繪的「圖形構成力」等「視覺資訊處理」也包含在視覺機能中。

如此複雜多樣的視覺機能一旦未能完整發展，就有可能造成學習上的障礙。從幼兒時期開始，讓孩子經常做促進視覺機能發展的運動遊戲，有助提升學齡期（六到十二歲）至成年階段的讀寫能力。

手眼協調……迅速將標記筒翻面，可鍛鍊眼睛與手的協調性。只要手眼協調，「拿筷子用餐」、「鞋帶打結」及「寫出端正平衡文字」的能力都會提升。

TOPIC 21

智能不高也能在社會上大顯身手

可能有些人會想，要在社會上大顯身手，需要多高的智能才夠呢？以普遍的印象來看，社會上的領導人物智能應該都比較高吧。可是，**靠就學讀書與考試測驗出的智能，經常無法在現實社會發揮太大的作用**；相反地，在學校裡不擅長讀書的人，長大後成為厲害經營者的也不少。那麼究竟要為孩子培養哪些能力，他們未來才會在社會上大顯身手？

在社會上大顯身手的必備能力是什麼？

想在社會上大顯身手，重要的不只是智能，還有其他幾種能力。

其中特別重要的，**是與他人建立關係、互相合作的溝通能力與協調能力。**比方說，有個孩子長大之後，擁有足以壓倒眾人的電腦技術，可是這個人社交能力差，無法充分與他人溝通，進入職場之後，想和其他人合作進行工作計畫時，就總是會遇到障礙。

另外還有一點也很重要，那就是**自我管理能力**。自我管理能力也可說是重視自己身體健康，能夠過規律生活的能力。小學的時候，大人經常囑咐我們這麼做，然而上國中或高中後，因為愈來愈少人提醒我們這件事，自我管理漸漸受到忽略。

自我管理能力對社會人來說十分重要。就算智能再高，技術再強，一個身體不健康的人無法天天正常上下班，生活節奏也會打亂，難以適應職場的勞動環境，這些都是很有可能發生的事。

自我管理做不好，身體和心理就會陷入不健康的狀況。由此可知自我管理的重要性。

不需要什麼都會

如上所述，**先養成了溝通能力、協調性和自我管理能力之後，其他各種「智能」才得以發揮力量。**

智能由幾種能力構成，包括數字能力、記憶力、空間辨識能力、語言能力與推理能力等，那麼這些能力都要很高才行嗎？那倒未必。

舉例而言，推動一項工作計畫時，一定會有一位主導計畫的總負責人帶領，他的手下可能有擅長寫程式的系統工程師，也有擬定廣告戰略吸引顧客的廣告行銷，大家分工合作，善盡自己的職責，整個團隊才能順利前進。

換句話說，**不必當獨力做好全部工作的超人。**重要的是，在孩子小時候就找到自己擅長的事，或讓孩子盡情去做自己喜歡的事，培育他的自信和自我肯定感。

比什麼都重要的，是讓孩子體驗「一件事靠自己從不會到學會」的過程。不需要一開始就把什麼都做好，請讓孩子先從擅長的事開始發揮力量。

比方說，數學算不好，記憶力又差的人，說不定擅長與人相處，懂得察覺別人的心情，像這樣具有高度溝通能力的人，也已經充分擁有在社會上大顯身手的素質。

大顯身手也有很多方式！

事實上，現在就連一家公司內部也未必具備所有機能。把業務、人事、設計或客服等工作外包的公司愈來愈多。

因此就算自己不具備設計能力，只要委託給外部設計公司就好。若是不擅長帳務統計、攬客或廣告策略，就找會計師事務所或顧問公司，請他們提出解決方法。

在工作上，推動一項計畫需要許多人力，但是**只要妥善運用外部委託的人才，一樣能落實計畫，讓工作順利進行。**

迅速且流暢地完成這些事，在這個工作方式多元化的現代社會中，也可說是愈來愈受需要的一種資質。

想在社會上大顯身手，有很多條路可走，你的孩子該走哪條路才好呢？

為了做出正確判斷，大人必須在日常生活中仔細觀察，加以引導，這也是為人父母應該扮演的角色。給孩子正確的工具，教他們培養正確的心態、足夠的體力和適當的思考方式，孩子就能一邊適應不斷變化的環境，一邊確實走在進步的道路上。

找出孩子擅長的事，鼓勵孩子發展專長

毋庸置疑的，每個孩子都有自己的特色，也有各自擅長與不擅長的事，但是綜觀至今的教育，或許很少採用「先發展專長，不擅長的事暫且擱置」的教育方式。

「所有人齊頭並進」、「同時提升各種能力」一直被視為理想的教育方式，然而今後或許應該更重視**「找出並提高每個孩子特別擅長的能力」**。

話雖如此，太早放棄學校教育也不是一件好事。不只課業，讓孩子盡情發展特別擅長的任何事，對他們的將來都有好處。

舉例來說，現在連電子遊戲都以「電競」之姿受到重視，將來甚至可能列入奧運項目，實際上也有職業足球隊致力於培育電競團隊。如果發現孩子特別擅長玩電子遊戲，發展這方面的實力，也可能成為孩子未來在社會上大顯身手的本錢。

不過，這麼做的前提是，**必須確實培養孩子的自我肯定感，也要訓練他們做好自我管理。**小孩子往往難以做到這兩點，容易忽略該做的事，因此父母必須好好規劃孩子的行事曆，在適當的時候加以引導。

首先，請透過準確的觀察，找出孩子現在最想做什麼，擁有什麼樣的能力，換句話說，就是找出孩子的長處。常見的狀況是，家長一味責怪孩子的缺點，一心只想彌補缺點，勉強孩子拿到與其他孩子差不多的平均成績，結果失去自己的特色。

然而，只要站在「**找出孩子擅長的事，鼓勵孩子發展專長**」的觀點，孩子就不會落入「英雄無用武之地」的下場，得以不受拘束盡情成長，發展出屬於自己的才能。

TOPIC 22

成為未來領導者需要何種能力

本書最後，想談談今後社會的「領導者」，需要具備什麼樣的資質。

如果只是認為「會運動的人就適合當領導者」，事情可沒這麼簡單。不過，一如前面介紹的內容，只要將運動理解為培養學習力及生存力的基礎，相信不難理解如何善用「運動」這項工具，為孩子培養成為未來領導者的資質基礎。

必備能力① 語言能力

身為領導者，任何時代皆通用的就是善用「語言」的能力。

無論時代如何變遷，能用語言使周遭的人理解自己的想法，進而整合團隊與集團，就能成為領導者。

懂得用言語表達自己的想法，傳達感謝之情的人，多半能獲得他人信賴，成為團體中不可或缺的領導者。

語言能力指的不只是用嘴巴說，書寫文章、選擇具有決定性的詞彙等，**透過各種方法使用語言向別人傳遞想法的能力，對領導者而言比什麼都重要。**

即使時代不斷改變，這種力量絕對是率領眾人時的必備能力。

在以智慧型手機打出簡短文章為主要溝通方式的現代，好好使用語言文字表達的能力依然重要，父母也一定要教孩子理解這一點。

必備能力② 多工能力

隨著時代的變遷，我們周遭的環境也在不斷改變，現在的孩子們長大成人之後，面臨的想必會是速度更快的社會。

過去也曾有過認為「將力量分散在不同事物只會一事無成」的時代，然而和過去相比，**現在這世界正非常快速地改變，「多工」已經成為不可或缺的能力。**

多工指的是同時執行多項作業，現代社會已有許多支援多工的工具（軟體、應用程式等）與環境，只要手上有智慧型手機，瞬間就能同時與許多人聯繫，和這些人一起進行各種工作。今後會比現在更需要一方面獲取各式資訊，一方面進行各種工作的技能。

只是，並非人人都能在一開始就擁有多工的能力。

專注於其中一項工作，或正被某項工作截止日期追趕時，很難不忽略其他工作。正因如此，從小持續培養多工技能才會這麼重要。

舉例來說，就算只是小孩子，放學後可能要補習才藝、寫功課、做規定的家事，還要做自己想做的事，當然就需要多工處理的技能。

這個時候，父母幫忙盯著孩子是否忽略了其中哪件事，為孩子準備好能同時進行好幾件事的環境，是非常重要的事。

必備能力③　行動力

想在快速變化的世界中生存，除了必須不斷動腦思考外，始終保持行動也很重要。這時需要的自然是行動力。**有行動力的人和沒有行動力的人，「嘗試與錯誤」的次數完全不一樣。**無論如何，先採取行動就對了，要是失敗就著手改善，改善之後再次行動。能夠反覆這麼做的孩子逐漸提高行動力，養成積極向前的態度。

縱然有想做的事，有時光靠孩子本身的力量也難以執行，因此大人應該從旁提供支援，協助孩子透過各種經驗累積行動力。

必備能力④　搜尋力

不須多加解釋，一有需要就能迅速搜尋的能力非常重要。

更何況在這個時代，周遭充斥數量龐大的資訊，幾乎沒有什麼查不到的事。只是，除了正確資訊外，其中也摻雜了許多以假亂真的資訊或假消息，**從孩子小學開始，培養判斷資訊正確度的能力也是非做不可的事。**

這裡說的搜尋力，不只是搜尋自己正在做或已經知道的事情，也包括面對未知事物或感興趣的事時，搜尋相關資料的能力。

比起「只做自己會做的事」，即使沒做過也願意不斷踏入新領域的人更能成長。為此，首先要讓孩子平時就養成「調查」的習慣。

比方說，在日常生活中，孩子一定會提出各式各樣的疑問。「為什麼？」「這怎麼會這樣？」當孩子這麼問的時候，不要一下就把答案全部告訴他們，請和孩子一起著手搜尋、調查，找出答案。

到了下一個階段，可進一步要求孩子自行調查，再對父母說明查到的結果。

當然，孩子可能會出錯，或只是照本宣科地念出找到的文章，有時並未真正理解其中意義。不過，父母還是要先讚許孩子的調查結果，再引導他們往正確的方向找到答案。只要平時養成這麼做的習慣，孩子日後遇到不懂的事也不會停在原地，懂得靠自己的力量摸索前進。

必備的能力⑤　不為行動設限的能力

「這個人和我職業不同，不用建立關係。」近來，抱持這種想法的商務人士愈來愈少了，**即使職業種類不同，也有許多異業合作激盪出全新火花的案例。**

不要為自己設下限制，積極跨越工作領域、國家或人種的差異，任何事都可與各種人在各種地方進行，抱著這樣的想法，從日常生活開始培養對事物範圍廣泛的思考能力。

必備的能力⑥　調整生活節奏的能力

健康比什麼都重要，沒有健康的身體，人生就不可能過得充實。**為了維持自己的身體健**

康，確實調整生活節奏的能力，在如今這個時代更顯重要。

其中尤以「飲食生活」為最，用餐時間與內容都不可馬虎，如此一來，睡眠品質也會跟著提升。只要有優良的飲食與睡眠，身體就能維持某種程度的健康，每天的工作表現隨之提升。

必備的能力⑦　預測力

有些人即使手頭有工作，卻總是拖拖拉拉，浪費時間。明明只要一小時就可完成的事，往往花上了整整一天，結果還不怎麼樣。

無法預測工作所需時間的人，多半工作表現不佳。一份工作要花多久時間完成，自己在某段時間內能完成到何種程度，一定要在開始工作前估算預測後再動手做。

首先，請從自己規劃每日工作進度開始。**建議可在孩子小時候就買行事曆手帳給他們，或讓他們自己安排旅遊計畫的內容。**

讓孩子養成自己預測、計畫，以及遇到失誤時思考用什麼方法修正的習慣。

此外，工作時不要拖拖拉拉、沒完沒了地做，也要確實設定休息時間，以結果而言，這麼做工作效率和表現會更好。把這個觀念教導給孩子，讓他們養成「自我預測」的能力吧。

必備的能力⑧ 放棄的能力

持續工作不休息，人的身體和心都會生病。

現代社會也被稱為「壓力社會」，**要是不懂適時「放棄」、「停止」，心靈和身體都無法獲得休息。**

就算下班回家，連躺在床上睡覺時，工作的事還在腦中縈繞不去，這種壓力纏身的狀態一旦持續，人就會產生強烈的憂鬱傾向，因此有時必須下定決心放手、放棄才行。在日常生活中培養適時放棄的習慣也是非常重要的事。

不過，「一做不到馬上放棄」可就不好了。

這裡說的放棄並不是這個意思。父母一定要教導孩子的是，有時以正面態度做出「因為某種原因所以自己不做了」、「這個工作就到此為止」的決定也很重要。

不過，年幼的孩子還無法自己做出放棄與否的判斷。舉例來說，孩子說想放棄學習某項才藝時，大人得先好好詢問孩子目前的學習狀況，協助做出是否放棄的決定。孩子漸漸長大後，再讓他慢慢培養自己決定的能力。

必備的能力⑨ 合作力

現代人不只能和身邊的人合作，還能透過社群網站等各種溝通工具，拓展與海外人士合作的可能性。

彼此合作，請對方做自己做不到或希望對方協助的事，打造更優越的工作環境。

小孩或許很擅長一個人努力或靠自己獲勝，能在自己獨力進行的事中找到樂趣。不過，**讓他們學到與人互助合作、分享成果的喜悅也很重要。**就這層意義來說，團隊型運動最常被提到的好處正是這個部分。

此外，與人合作的方式也有很多種。「互相鼓勵」、「共同分擔工作」或「一起為同一件事努力」都是合作的形式。

首先，請從和家人合作完成一件事開始。

舉例來說，全家一起去露營，讓孩子一起搭帳棚、一起做菜，也可以由親子或兄弟姊妹一起合作解決某項問題。

接著，可請來家人之外的朋友或夥伴一起合作某件事。像這樣循序漸進地讓孩子體驗如何與他人互助合作。

必備的能力⑩　負起責任做決定的能力

孩子小的時候，很難有機會做出「重大決定」。

不過，**可讓孩子練習為日常生活中的小事做決定，對自己的決定負起責任。多做幾次之**

後，在遇到需要做出重要決定時，孩子就能擁有深思熟慮再做決定的能力。

舉例來說，當孩子說想做什麼時，不妨實際放手讓他試試看。萬一孩子半途而廢，大人除了糾正這種行為，更重要的是教導孩子為自己做出的決定負責。

可從家人之間制定的規矩開始。即使只是日常生活中的小事，只要讓孩子做決定，就得要求孩子為自己做的決定負責。

對小事也能負起責任決定後，孩子在各種場合獲得大人評價或稱讚的機會增多，以結果而言，孩子從中建立了自信。

對領導者來說，「相信自己，擁有自信」是很重要的事。

從本書中介紹的「運動遊戲」開始，讓孩子從小接受日常生活中各種小事的刺激，一點一滴建立自信心。最後，這些小小的自信會集結成大大的自信，培養出成為領導者的資質與素質。

專欄

每個人都有某種「障礙」

大部分人都認為自己很「普通」吧。讀著這本書的你，或許也這麼想。

就這樣的你看來，身邊有幾個人讓你感到「這人跟別人有點不一樣」呢？

舉例來說，沒有時間觀念的人、開車橫衝直撞的人、一喝酒就性格大變的人……若以自己的「普通」標準來看，是不是有不少人都讓你覺得「他跟別人有點不一樣」？

那麼這裡的「普通」究竟要怎麼定義，說來其實很難。因為一如前面舉的幾個例子，無論是「沒有時間觀念」還是「開車橫衝直撞」，對當事人來說，一定「普通」得像是家常便飯。

被「普通」所困，就會活得艱難

我們每個人的價值觀和個性都不一樣，至今的生活經歷也理所當然不同。不過有時「個性」超過了一定限度，就某種意義來說，或許會被視為「障礙」。

比方說，同樣是沒有時間觀念，如果只是比約好的時間遲到一點，問題還不算太大，但是完全無法遵守時間的人，就會被認為缺乏時間觀念，甚至到了有時間障礙的地步。

除此之外，像是花錢購物只要控制在一定程度內就沒問題，到了花錢如流水，無法抑制花錢衝動的地步，或許就稱得上是一種障礙。另外，有些人無法控制自己的情緒，像是忽然翻臉，或是人格丕變，判若兩人等等，或許在某種意義上也可說是情緒障礙。

就像這樣，我們每個人都具有自己的獨特個性，差別只在程度的大小。如果不看程度的大小，說每個人都抱持某種障礙也不為過。

當然，被說「有障礙」，任誰都不會開心，可是我們每個人確實都有某些和其他人不同的堅持或特色，只是有程度上的差異而已。如果不能認清「別人是別人，自己是自己」，要在社會上生活下去就會產生困難。

把特色變成強項

雖說家長應該在每天的互動中，幫孩子好好發展他們的個性，但是站在教育的觀點，發現孩子某種特性可能太過強烈，走火入魔時，大人也必須從旁抑制。

現在的小孩，除了從小就要懂得「別人和自己不一樣」、「和別人不一樣也沒關係」之外，有時也要站在社會性、協調性的觀點，學習「在某些狀況下必須配合別人」的道理。

日本人向來是喜歡配合眾人步調的民族，然而今後的世界國境愈來愈模糊，即將進入必須與全世界交流往來的時代，不能只是配合他人，該提出自己意見時，也要好好提出才行。

這麼一想就知道，現在最重要的是先發現孩子的個性與特色，如果這樣的特色強烈到被周遭視為障礙，就要教他們學習自我控制。

如此一來，孩子就不會以障礙為藉口放棄，反而懂得視障礙為自己的特色或強項，就好的意義來說，或許能成為超越他人的優點。

也有人說，改革時代的都是抱持障礙的人。例如愛因斯坦博士等天才人物，其實很可能懷有某種障礙。

比別人優秀的地方，往往能成為這個人的強項或才華。請先找出自己的孩子生來具有哪些天賦個性，做父母的可以幫他們將這份天賦發展為何種能力。如此一來，或許就能為孩子開拓光明未來，帶來無窮潛力。

結語

為了維持日常生活，每天忙於工作的大人有時也會忘了關注孩子的成長。就像我也會因為工作壓力或疲勞等原因，忘了自己真正的心情。

然而無論何時，都不要忘記思考自己為何工作，只要想起自己是為了家人，為了孩子而工作，我就會猛然覺醒。

「忙」這個字由「心」和「亡」組成，要是忙到心都死了，忘記關注孩子的成長，忽略孩子的成長過程，日後就算後悔，時間也不可能倒流。

孩子一轉眼就長大，能實際感受他們成長的唯有「當下」這個瞬間。有怎麼看都可愛的時期，也有怎麼教都教不會的時期，還有叛逆期……每個瞬間都只有那時才能看到的表情、動作和想法。

能不能好好享受孩子的成長過程，端看父母是否好好面對子女，親眼見證他們挑戰了什麼，對什麼感到不滿，又為了哪些事情喜悅。如果無法做到，身為父母的人將愈來愈不理解自己的孩子。

育兒不是用來滿足父母的欲望，身為早一步經歷人生的大人，育兒應該是父母引導孩子成長，自己也跟著一起成長的過程。拜孩子之賜，我們才能為人父母，也才能以父母的身分成長。我很喜歡這樣的想法。

最近市面上出現各種育兒服務或育兒工具，因此父母常常把注意力放在能立刻感受到孩子成長的東西上。

然而重要的並非孩子「會了什麼」，而是父母在孩子「從不會到學會」的過程中，和他們一起做了什麼。挑戰原本做不到的事，即使失敗也培養出不屈不撓的精神，父母有很多機會和孩子一起體驗這樣的過程。本書介紹的運動遊戲，只不過是其中一種方法。

透過本書介紹的內容，如果能讓更多孩子體會「從不會到學會」的喜悅，就是身為作者的我最開心的事。

孩子將來走上什麼樣的路，受到成長過程中偶遇的朋友及老師很大的影響，幾乎可以說孩子不會完全按照父母安排的路走。不過，孩子無論何時都是自己人生的主角，父母可以做的就是支持孩子，陪伴在孩子身邊，協助孩子獲得幸福，也成為一個能為周遭帶來幸福的人。

此外，除了享受孩子成長的樂趣，父母也要享受自己的日常生活，這樣才能和孩子建立無論失敗成功都一起開心分享的親子關係。

只要父母面帶笑容，孩子自然也會笑口常開。想要孩子過得幸福，父母自己的幸福是不可或缺的條件。

衷心期盼這本書能幫助你好好面對孩子，享受與孩子共同成長的樂趣。

動出高智能的

運動遊戲

10歲前才是關鍵！

掌握黃金成長期，讓孩子建立自信，越動越聰明

作者柳澤弘樹
譯者邱香凝
主編丁奕岑
封面設計羅婕云
內頁美術設計李英娟

發行人何飛鵬
PCH集團生活旅遊事業總經理暨社長李淑霞
總編輯汪雨菁
主編丁奕岑
行銷企畫經理呂妙君
行銷企劃專員許立心

出版公司
墨刻出版股份有限公司
地址：台北市104民生東路二段141號9樓
電話：886-2-2500-7008／傳真：886-2-2500-7796
E-mail：mook_service@hmg.com.tw
發行公司
英屬蓋曼群島商家庭傳媒股份有限公司城邦分公司
城邦讀書花園：www.cite.com.tw
劃撥：19863813／戶名：書虫股份有限公司
香港發行城邦（香港）出版集團有限公司
地址：香港灣仔駱克道193號東超商業中心1樓
電話：852-2508-6231／傳真：852-2578-9337
製版・印刷漾格科技股份有限公司
ISBN978-986-289-633-4・978-986-289-630-3（EPUB）
城邦書號KJ2028 **初版**2021年09月
定價420元
MOOK官網www.mook.com.tw
Facebook粉絲團
MOOK墨刻出版 www.facebook.com/travelmook

國家圖書館出版品預行編目資料

動出高智能的運動遊戲，10歲前才是關鍵！掌握黃金成長期，讓孩子建立自信，越動越聰明/柳澤弘樹作；邱香凝譯. -- 初版. -- 臺北市：墨刻出版股份有限公司出版：英屬蓋曼群島商家庭傳媒股份有限公司城邦分公司發行, 2021.09
208面；14.8×21公分. -- (SASUGAS ;28)
譯自：10歳からの学力に劇的な差がつく 子どもの脳を育てる「運動遊び」
ISBN 978-986-289-633-4(平裝)
1.育兒 2.感覺統合訓練 3.親子遊戲 4.親職教育
428.6　　110014466